東京の創発的アーバニズム

横丁・雑居ビル・高架下建築・暗渠ストリート・低層密集地域

ホルヘ・アルマザン＋Studiolab

学芸出版社

● 本書は「一般財団法人住総研」の2020年度出版助成を得て出版されたものである。

Case 03
Case 08
Case 04
Case 0
Case 11
Case 10
Case 02
Case 12
Case 13

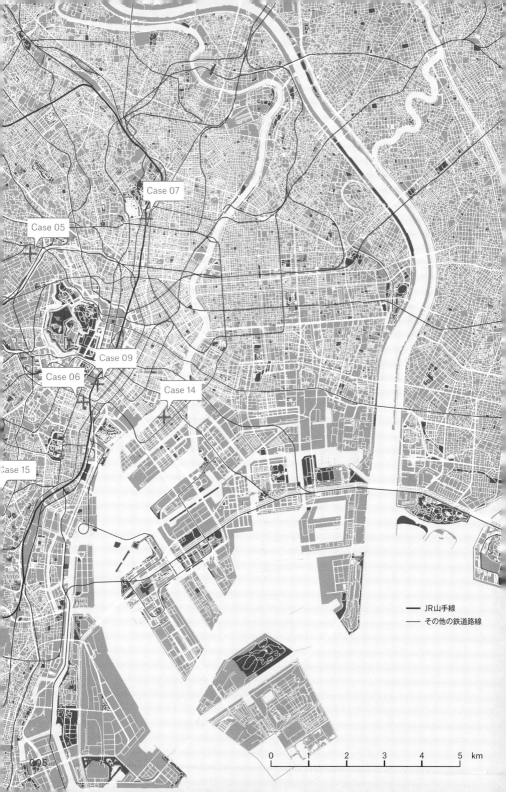

Case 07

Case 05

Case 09

Case 06

Case 14

Case 15

━━ JR山手線

─── その他の鉄道路線

0 1 2 3 4 5 km

1 東京に探る都市設計の
創発的アプローチ

EXPLORING EMERGENT URBANISM IN TOKYO

1.1 東京の魅力を構成する五つの都市パターン

　東京が持つ最も優れた特性とは何だろうか？ そして、そうした優れた特性を持つ都市を我々は設計することができるのだろうか？ 筆者はこの問いを解くために、長年、調査と研究を重ね、本書を執筆している。「なぜ、どのように、東京という都市ができあがったのか」、手短に言うと、それを解き明かすことが本書の目的だ。

　アーバンデザインは芸術と科学の融合である。時代が変われば、都市に関する新しい考え方が注目されるようになり、それまで主流だった考え方は廃れていく。その結果、若い都市計画家や建築家は、当たり前のように上の世代を驚愕させるような新しいアプローチを模索するようになった。たとえば、1950年代のモダニストの都市計画家や建築家は、都市はトップダウン方式で設計できると語っていた。しかし、そのやり方が行き詰まり、彼らの後継者たちは真逆の方向に転換し、都市の進化を市場の力に委ねることにした。市場主導型の開発によって、世界中の都市は不毛で排他的なものとなり、次世代の若い都市計画家や建築家はこれに反発して、再び別のアプローチをとり始めた。

　これらの新たな価値観を持つ世代は、市場原理主義に幻滅してはいるが、かつてのモダニストのようなトップダウンの強引な手法も回避しようとしている。彼らの世代は世界各地の都市でグローバルな思考とローカルなコンテクストを結びつけ、不透明な官僚政治や企業の利害に流されることなく、市民のダイナミックなエネルギーを都市形成のツールとして活用している。この世代には公共政策に積極的にコミットしている者も多い。

　そうした若い都市計画家や建築家にとっても、東京は魅了される都市の一つだろう。東京の都市としての素晴らしさは、インクルーシブで適応力に富む多様な都市空間にある。それは、大小さまざまな形で、市民の日常のごく小さな活動の集積によって形成され、その独特なパターンやエコシステムは、行政主導のマスタープランや企業の利潤優先の開発の限界を超えて、独自の発展を遂げてきた。

　本書では、東京の魅力を形成する最も特徴的な五つの都市パターンとして、横丁[2章]、雑居ビル[3章]、高架下建築[4章]、暗渠ストリート[5章]、低層密集地域[6章]を考察する。詳しくは後述するが、これらのパターンは、市民によってボトムアップに構築され、親密さ、レジリエンス、ダイナミズムを備えた東京の核を形成している[1]。

1.2 　　　　企業主導アーバニズムが招いた危機

　　しかし今、東京は劇的な変化を遂げようとしている。都心部では大々的な再開発が行われ、伝統的な街並みが壊されて、低層住宅地域が一変しつつある。東京というと一般的には超高層ビルが立ち並ぶ巨大都市のイメージがあるが、1980年代まで高層ビルは少なく、主に西側は新宿、東側は丸の内に集中していた。新しい開発は特定の地域にとどまらない。今後数十年のうちにそれらは転換点を迎えて、人口だけでなく、人々のライフスタイルも変化し、東京の活気ある現在の状況は、将来まったく異なるものになっていくかもしれない。

　　東京を超高層ビルで覆い尽くす一連のプロセスは1980年代から始まったが、2002年に都市再生特別措置法が制定されると、それは一気に加速した。日本の法制度は、長い間、個人の財産権を守ってきた。それは地域の社会的・経済的構造を維持するためだったが、同時に大規模再開発を妨げるものでもあった。しかし都市再生特別措置法は、特定の地域を従来の規制が一部適用除外される特別地区に指定することによって、従来の制度では認められなかった、民間のデベロッパーと自治体の個別の交渉を可能にした。これによって、それまで国が法律の下で握っていた巨大な権限が、大手デベロッパーに与えられることになった。汐留、品川、丸の内、六本木などの地域では、新しい超高層ビルによってスカイラインが形成され、渋谷などの主要駅周辺では、大規模開発によって急激に高密度化が進んでいる。

　　東京は常にダイナミックに変化し続けてきたが、現在のこうした再開発は世界中の都市で見られるものだ。筆者はそれを「企業主導アーバニズム」と名づけた。それらは基本的に、高級コンドミニアムやオフィスの超高層タワーが、低層部のショッピングモールのような商業施設の上に載るという建築タイプで構成される。こうした再開発プロジェクトは小綺麗だが無機質だ。そして、これらの再開発によって、東京の重要な特性（本書で取り上げる東京の多様な魅力）の多くが失われてしまった。

1.3 　　　　戦後の歴史から東京の未来を探る

　　本書では、東京の独自の歴史と現在の強みの両方の観点から、東京の未来について企業主導アーバニズムとは別の方向性を提示することを目指している。本書で紹介するアプローチは、今もなお東京の大部分に残り、東京らしさを形成する基盤を築いた、戦後まもない頃の東京の活力に倣い、それを活かそうとするものである。

　　第二次世界大戦で壊滅的な被害を受けた首都を再建するために、日本政府は最初に包括的な復興計画を立てたが、それを実行するための予算が不足していた。そこで、行政や不動産会社、鉄道会社などが復興のための資金を出せない

地域では、市民が自らなけなしの金をかき集め、皆の勇気と知恵を結集して、家や店を再建し、東京の復興を進めた。その過程で、東京の主要駅周辺では、小さな店がぎっしりと軒を連ねる闇市が次々と生まれた。これらの地域は最初から計画されたものではなく、自然発生的に出現したものであり、その無秩序で自発的な精神は、今も東京の裏通りで感じられる。

　このような市民自身の手による復興は、切実な必要に迫られたものだったが、その結果生まれた近隣地域には、無数の小さな建物で構成されるきめ細かな都市構造を持ち、活力にあふれ、住みやすい親密なコミュニティが形成された。やがて、こうした市民による自発的な都市の進化は、より整然とした大規模な計画に取って代わられたが、戦後に生まれた近隣地域の特徴を積極的に変えようとはしなかった。こうして、東京はトップダウンの比較的緩い都市計画とボトムアップで自発的に生成された都市構造を併せ持つ都市となった。とはいえ、緩い都市計画にはさまざまな課題もつきまとう。戦後に市民によって自発的に生み出されたこれらの地域は、以前からオープンスペースやインフラの整備が遅れており、大規模な自然災害に対する備えが不十分だった。東京の良さを反映した都市の構築を目指すならば、こうした地域の特徴を理解することが、その出発点となる。

　本書では、東京を単にさまざまな建築に付随する現象の集合体と見なしたり、安易な理論でこの都市の雑然とした現状を説明したりするのではなく、東京の複雑さの特徴を丁寧に解明することを目指している。東京には、「これはどのようにして生まれたのか?」という問いに簡単に答えられないような都市空間や建築がたくさんある。一つの建物を説明するのにも、歴史、経済、公共政策、文化などをめぐるトップダウン、そしてボトムアップのプロセスを考慮する必要がある。しかし、その複雑さこそが東京を形成している。

1.4　　　　東京を六つの地域モデルに分解する

　企業主導アーバニズムの急激な拡大が示すように、現在の東京のすべてが、本書で提示する東京らしい特性を持っているわけではない。親密な雰囲気のある古い街並みやダイナミックな商業地区には、この都市の最も素晴らしい特徴といえる活気と生命力がみなぎっているが、どこにでもあるような建物がグリッド状に並んでいる地域もある。さらに、他の多くの都市と同じように、都心で働く人々の大部分は、ありふれた集合住宅や戸建住宅が立ち並ぶ郊外に住んでいる。こうした現実を踏まえたうえで、東京の優れた特質をどのように抽出することができるだろうか。

　筆者は、東京の多様性を単一の「東京モデル」に還元するのではなく、東京にはいくつかの「地域モデル」があり、それぞれが独自の都市構造を持っていると考

えている。それらの地域は、地理的に離れていても、土地利用、街路のパターン、建築形式などが似ている。東京をいくつかの地域モデルで見ることは、目新しいことではない。「山の手」と「下町」という区分がその典型だ。しかし、ここでは、データ解析によってより具体的に東京の地域を見る視点を紹介したい。

東京都は、都内のすべての建物、道路、土地などの定量的な情報を豊富に公開しており、これらのデータをアルゴリズム解析することで、東京の多様な地域の違いを明らかにすることができる。筆者は、これらのデータベースを読み解くことによって、これまであまり可視化されてこなかった東京の地域モデルを構成する重要な特徴を突きとめ、都市スケールで具体的に数量化して比較検討することができた。たとえば、建物の規模や土地利用の組み合わせが似ている地域は、周辺環境への浸透性、歩行空間のアクセシビリティ、コミュニティの親密さや活気など、より微細な指標においても似ていることが多い。この分析を通じて、東京のさまざまな地域に共通するパタン・ランゲージを把握し、それらがどのように地域特有の雰囲気やライフスタイルをもたらすのかを知ることができる。

このアプローチの難しい点は、多くの場合、東京の地域の境界が曖昧であることだ。各地域がどこから始まってどこで終わるのかがわからないのに、どうやって各地域を比較するのか？ この問題を解決するために、日本独自の街の分け方である「丁目」制度を活用できる[2]。東京は、江戸時代から「丁目」という小さな街に分けられていた。それぞれの「丁目」には自治会があり、地域のルールや特徴を有していた。東京の都心部を構成する23区内の平均的な「丁目」の大きさは約0.2km^2（マンハッタンの街区で10区画程度の広さ）なので、かなり細かい分析が可能だ[3]。

本書では行政が公開している膨大なデータをGISのソフトで分析することによって、東京の多様な地域を六つの典型的な地域モデルに分類した 図1-1 。

1.4.1　ヴィレッジ・トーキョー

「ヴィレッジ・トーキョー」 図1-2 は、東京の広大な都心周縁部を網羅している。低層建築で構成され[4]、ほとんどが住宅地であり、商業活動は日用品を扱うコンビニエンスストアや地元の商店街に限られている。周縁部のほかに、JR山手線の内側の一部の地域にも、ヴィレッジ・トーキョーは存在する。ヴィレッジ・トーキョーの大半は東京の鉄道網とつながっており、自動車交通に依存した地方都市の郊外とはまったく異なる雰囲気がある。

1.4.2　ローカル・トーキョー

「ローカル・トーキョー」 図1-3 は、ヴィレッジ・トーキョーの小規模な住宅と、都心周縁部の主要鉄道駅周辺に集中する中高層ビルが組み合わさったものだ。住宅と商業建築が混在する低層できめ細かい都市構造で形成されている。幹線道路が

図 1-1   東京23区内のさまざまな地域モデル

東京中に分布しているさまざまな地域モデルは、東京全体が持つ複雑な構造によって形成されてきた。最も一般的な
ものは「ヴィレッジ・トーキョー」であるが、これは東京の都心部と周縁部の緩やかな境界となっている山手線の外側に
多く見られる。山手線から郊外に向かって放射状に伸びる鉄道路線のネットワークは、「ローカル・トーキョー」が示す
ように、駅周辺に都市の集約性を生み出している。一方、「オフィスタワー・トーキョー」は、従来は皇居前の丸の内地
区が中心であったが、山手線の主要駅周辺の再開発により、池袋、新宿、渋谷、品川、新橋などの交通の要所に次々
と超高層ビルが建設されている。その中間には、「コマーシャル・トーキョー」や「ポケット・トーキョー」を中心とした、さ
まざまな用途・規模が混在する多様性に富んだ地域が存在している。

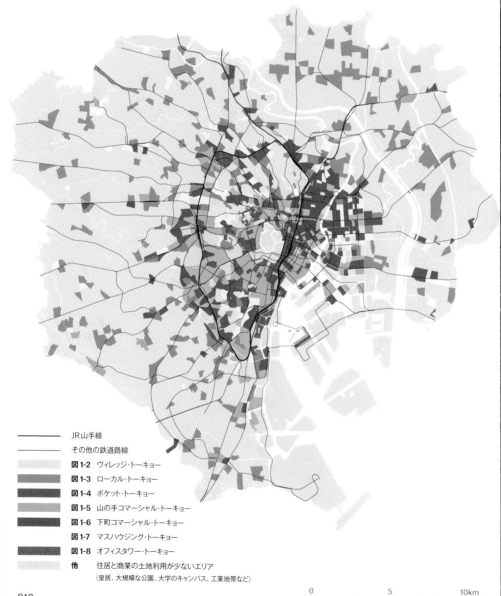

――― JR山手線

――― その他の鉄道路線

図 1-2　ヴィレッジ・トーキョー

図 1-3　ローカル・トーキョー

図 1-4　ポケット・トーキョー

図 1-5　山の手コマーシャル・トーキョー

図 1-6　下町コマーシャル・トーキョー

図 1-7　マスハウジング・トーキョー

図 1-8　オフィスタワー・トーキョー

他　　住居と商業の土地利用が少ないエリア
（皇居、大規模な公園、大学のキャンパス、工業地帯など）

0　　　　　5　　　　　10km

整備されていないローカル・トーキョーでは、歩行者のアクセスを優先して自動車の往来は制限されるため、世界的に注目されている公共交通指向型開発（TOD：Transit Oriented Development）の考え方にも通じる、親密なコミュニティが形成されている。これらの地域は、ヴィレッジ・トーキョーよりも都市として長い歴史があり、都心から離れた周縁部にあっても人々が訪れたくなる魅力を持った地域が多い。

　　ローカル・トーキョーの例としては、小さな個人経営の店舗が駅周辺に軒を連ねる東急東横線沿線の自由が丘や学芸大学、賑わいに満ちた飲み屋街で知られるJR中央線沿線の中野や高円寺などが挙げられる。

1.4.3　　　　**ポケット・トーキョー**

　　「ポケット・トーキョー」 図1-4 は、小規模な住宅地が周辺の幹線道路沿いの大

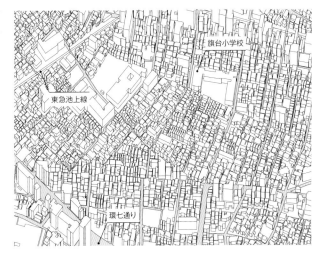

図 1-2　　**ヴィレッジ・トーキョー**
品川区の旗の台駅の南側に、2階建の住宅が密集した地域が連続している。学校やマンションなど中層の建物も点在している（1：7,500）。

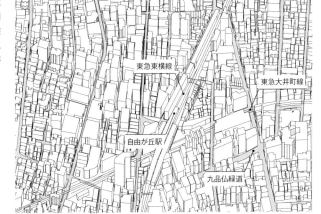

図 1-3　　**ローカル・トーキョー**
目黒区と世田谷区の境界にある自由が丘駅を囲むように商業施設や住宅が立ち並び、駅から離れるにつれて低層の住宅が増えていく（1：7,500）。

規模な建物に囲まれている地域で、それらの幹線道路沿いの建物は住宅地域の延焼遮断帯および境界線としての役割を果たしている。これによって、古い低層住宅と狭く曲がりくねった通りが密集する街区の中に「ポケットエリア」が形成される。

ポケット・トーキョーは渋谷駅、恵比寿駅、五反田駅など、主要商業地をつなぐ中間地点に出現する。都心の一等地にある南麻布、広尾などの洗練された地域は、多くの人が住みたいと憧れる魅力的な街である。

1.4.4　コマーシャル・トーキョー

「コマーシャル・トーキョー」は、商業建築とさまざまなタイプの住宅が一体化した近隣地域で構成される。しかし、この地域モデルは他のモデルとは異なり、東京都区部の西側の「山の手」から派生したものか、あるいは東側の「下町」から派生したものかによって、まったく異なる様相を呈している。この区別は、必ずしも歴史や地理と一致するものではない。たとえば、東京23区の西側には、より下町に近い雰囲気を持つ地域もある。

1.4.4-1　山の手コマーシャル・トーキョー

「山の手コマーシャル・トーキョー」 図1-5 は、概して、大規模な商業ビルとそれよりも低層の住宅、そして複雑に入り組んだ狭い通りが組み合わさった地域で、駅の周辺にあることが多い。一見すると、ポケット・トーキョーとそれほど変わらないが、商業開発や建築の規模はポケット・トーキョーよりも大きく、商業地区の賑わいとヒューマンスケールの生活環境を求める人々のニーズが乖離してしまっている。

地域によっては居住性に悪影響を及ぼしている場合もあるが、うまくいっている例もたくさんある。渋谷や恵比寿の緑豊かな富裕層向けの住宅地域は、山の手コマーシャル・トーキョーの典型的な例だ。

1.4.4-2　下町コマーシャル・トーキョー

その一方で、「下町コマーシャル・トーキョー」 図1-6 は、道幅が広く秩序だった道路とそれに沿って整然と立ち並ぶ建物で構成されており、自動車も通行しやすい。中層の建物が多く、幹線道路に面した建物と裏通りに面した建物の高さの差はあまりない。山の手コマーシャル・トーキョーとのもう一つの大きな違いは、下町コマーシャル・トーキョーの建物は複数の用途を含むことだ。たとえば、2階建の住宅では、1階に職人の工房や小さな店舗があり、経営者はそのすぐ上の階に住んでいる。このように用途が流動的に混ざりあっているため、これらの地域には、有機的で何が起きても不思議ではない雰囲気が漂っている。それに対して、山の手コマーシャル・トーキョーでは、建物の用途は単一で、さまざまなタイプの商業建築や住宅建築が地域全体に点在している。

下町コマーシャル・トーキョーの大部分は、浅草や人形町などの有名な商業

図1-4	ポケット・トーキョー

品川区の桜田通りと山手線の線路沿いに立つ高層の商業ビルやマンションが、狭い路地や低層の建物が立ち並ぶ地域を囲んでいる（1:7,500）。

図1-5	山の手コマーシャル・トーキョー

渋谷区の恵比寿駅周辺の商業地区。住宅の1階部分の店舗からオフィスタワーまで、さまざまな規模の企業が集まっている（1:7,500）。

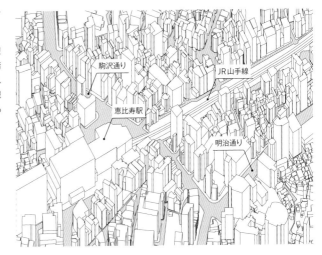

図1-6	下町コマーシャル・トーキョー

台東区の上野駅の東側。狭い敷地に中層の商業ビルが立ち並ぶこれらの地区には、中小企業が密集している（1:7,500）。

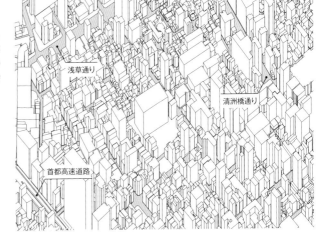

地域を含む東京23区の東側にあるが、西側の荒木町や神楽坂などの都心部や、若者文化の発信地として知られる下北沢などにも存在する。

1.4.5　　マスハウジング・トーキョー

「マスハウジング・トーキョー」 図1-7 は、比較的分散した中高層の住宅地域に、途方もない数の住民を詰め込むために開発された。広いオープンスペースに囲まれた集合住宅や高級マンションが、路上の日常生活のリズムとはかけ離れた規模で建設されていることが多い。ヴィレッジ・トーキョーと同様に、住民は居住以外の日常活動を行うために他の地域に移動する必要がある。

1960〜70年代に建設された団地や、近年建設された東京湾沿いのタワーマンション群は、どちらもこの地域モデルの典型例であり、東京都心部ではほとんど見られないような人口密度の高さが特徴である。

1.4.6　　オフィスタワー・トーキョー

最後に挙げる「オフィスタワー・トーキョー」 図1-8 は、「中心業務街区」(CBD: Central Business District)に最も近い地域モデルだ。東京都は長年、大企業の一極集中を防ぐために、大規模高層商業ビルを東京の主要駅周辺に分散しようとしており、この地域モデルは主にそういった大規模な高層商業ビルで構成される。これらの地区の不動産は桁外れな価格で取引されることが多く、その結果、これらの地区の土地は隅から隅まで、何らかの利益を生む目的で利用されている。オフィスタワー・トーキョーは、その経済優位性ゆえに地域の政治に過大な影響を与えているが、そこに夜間の居住者がほとんどいないことを考えると、その影響力は異常とも言える。

この地域モデルには、西新宿、丸の内、再開発後の渋谷の一部など、東京の最も重要な商業中心地が含まれる。渋谷の近年の変化は、いかに公共政策や公共開発プロジェクトが都市を一変させるかを示している。大規模な開発が行われているこのエリアの都市構造は、山の手コマーシャル・トーキョーからオフィスタワー・トーキョーへの移行を示す典型例である。

1.5　　ダイナミックで親密な都市構造はいかに発生するか

東京という都市を構成しているこれらの地域モデルはそれぞれの役割を担っており、本書ではどの地域モデルが他より優れているかといった議論をするつもりはない[5]。たとえば、マスハウジング・トーキョーは、デザイン性には乏しいかもしれないが、大多数の都民に住居を提供することに成功している。丸の内をはじめとするオフィスタワー・トーキョーは、世界のどこにでもあるような超高層ビルが密集しているが、世界のビジネスの中心地であり、また近年では複合用途開発が進む東京にふさわしい姿だろう。それぞれの目的に応じて異なるトーキョーがあり、たとえ今は平凡な地域で

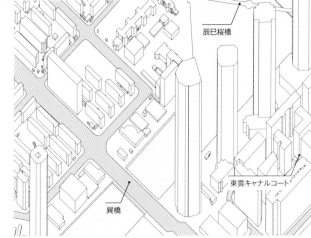

図1-7　マスハウジング・トーキョー
左は江東区辰巳地区の1960年代の中高層マンション、右は東雲地区の2000年代以降の新しい超高層マンション（1:7,500）。

辰巳桜橋

東雲キャナルコート

巽橋

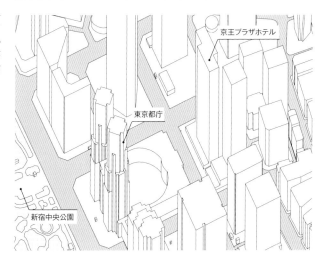

図1-8　オフィスタワー・トーキョー
1960年代にモダニズムの理念に基づいて計画された、新宿駅西口の超高層ビル街（1:7,500）。

京王プラザホテル

東京都庁

新宿中央公園

も、時が経つにつれて新しい魅力を帯びた地域へ進化していくこともある。

　　とは言うものの、とりわけ一部の地域モデルは、ダイナミックで親密な東京の魅力をヒューマンスケールで感じさせてくれる不思議な力を持っているという点で傑出している。たとえば、ローカル・トーキョーは、まったく異なる場所、時代、社会的・政治的環境において、個性的で人々に愛されるさまざまな近隣地域を生み出してきた。特にポケット・トーキョーは、開発とヒューマンスケールの生活は両立できるという希望を与えてくれる。

　　本書で取り上げる雑居ビルや低層密集地域などの五つの都市パターンは、東京中に無秩序に散らばっているわけではない。それらは、近隣の状況、法的な規制の状況、歴史的・社会的状況なども含めたさまざまな条件が整ったときに現れる。そして前述した六つの地域モデルの都市構造を検証することによって、その根底に

ある論理を明らかにすることができる。

　たとえば、雑居ビルは主に山の手コマーシャル・トーキョーに出現し、低層密集地域はヴィレッジ・トーキョーやローカル・トーキョーに出現する。一方、一部の地域モデルでは、こうした東京の魅力を特徴づける要素が著しく欠けている。居住用途に特化した均質で人通りの少ないマスハウジング・トーキョーや、高い経済性を誇るが街並みに個性がないオフィスタワー・トーキョーがその典型である。

1.6　都市を設計する創発的アプローチ

　過去1世紀の間に、都市計画は克服できない課題に直面してきた。現代都市の混沌とした状況をコントロールすることがますます困難になるにつれて、モダニズムは効力を失った。ポストモダニストは、歴史的モデルを使って都市生活を再構築しようと試みたが、実質的には現代の社会的・経済的現実のうえに、無理やり過去の街並みのレイヤーを重ねただけの失敗に終わった。近年では、多くの都市計画家や建築家は、カオスとなった都市の現実を受け入れ、都市の未来について一貫したビジョンを描くことを放棄し、都市開発を批評（クリティーク）しコントロールしようとすることもせず、時にはコントロールできない状況を美化することさえあった。しかし、これらの「ポストクリティカル」なアプローチも、実際には、市場原理と商業デベロッパーへの過剰な依存によって埋められ、やはり失敗に終わった[6]。1980年代以降のデベロッパーの台頭は、新自由主義の緊縮経済と企業の政治的影響力の増大への世界的な移行を反映しており、これによって社会的分断、公共空間の民営化、都市の均質化が加速した。またそれは、独立して事業を営む建築家などの職能にも影響を与えている。現在、東京の公共プロジェクトの業務のほとんどは、彼らに委託されることはない。たとえば戦後の復興期に見られたように、建築家や都市計画家が力を発揮した都市という舞台の変質とともに、彼らの役割も変わりつつある。

　我々はどうしたらこの状況を乗り越えられるだろうか？　市場原理に委ねるのではなく、住民の共同プロジェクトとして都市を再生するには、どうしたらいいのだろうか？トップダウンによる計画ビジョンを回避しつつ、どのように「全体としての都市」の未来をボトムアップで描き、今より良い暮らしを実現できるだろうか？

　本書では、こうした疑問に答えるために、ダイナミックで親密な魅力をヒューマンスケールで感じさせてくれる東京の都市構造の解説を通じて、都市を設計する新しいアプローチを提示したい。そのためには、建築や都市の領域を超えて、複雑系理論の学際的な領域、特に「創発」（英語でemergence）の概念にまで思考を広げる必要がある。創発とは、秩序や機能をボトムアップで自発的に創造することである。その典型的な例は、鳥の群れの行動だ。鳥の大群が飛んでいるとき、空気力学に基

づいてフォーメーションを組んだり、天敵から身を守るために一斉に方向転換したり
と、彼らの動きはしばしば驚くほどシンクロしている。これは、リーダーの鳥が不思議
な動物的テレパシーで命令を伝達しているために起こるのではなく、個々の鳥が隣
の鳥の動きに反応することによって、群れとしてのまとまった動きが「創発する」のだ。こ
れらのミクロな相互作用の結果、その群れは個々の鳥の能力を超えた空気力学的・
防衛的なスキルを持つマクロな存在となる。創発を通じて、全体はその部分の総和
よりも大きくなる。

　　　　動物界で実際に起こることを、都市に応用することは可能だ[7]。都市の公
共空間や近隣地域は、物理的な空間と社会的なコンテクストの両方を同時に備えた
「社会的・物質的な存在」である。近隣地域とは単なる物理的環境ではなく、そこ
に住む人々の集団でもない。まさに鳥の群れのように、近隣地域の全体としての特性
は、その社会的・物質的な部分の相互作用から有機的に現れる。都市空間を創発
的なエコシステムと見なすことで、どのようにして東京の多くの地域がこれほど強固で
独特なアイデンティティを持つようになったのかを理解することができる。

　　　　本書で紹介する五つの都市パターンは、都市の「創発性」を理解するスター
ト地点として最適だろう。東京のある地域の独自の特徴を説明するには、建物、イン
フラ、地域の文化や慣習、法律など、多くの要因が複雑に絡みあうなかに深く分け
入って考える必要がある。その複雑さを単純化したり抽象化したりせずに、そのまま
受けとめ理解することで、そこから他の都市やコンテクストに応用可能なインスピレー
ションを得ることができる。

　　　　創発的なシステムでは、システムを構成する個々の要素が恒久的に消滅して
均質な全体になる、といったことは起こらない。鳥の群れと同じように、近隣地域の
個々の住民も、都市計画家や政策立案者を驚かせるような行動を必然的にとるだろ
う。創発的なシステムが機能している都市では、社会生活を営むうえで、1人1人が果
たすべき面倒で複雑な役割が常に存在する。

　　　　筆者の考える東京の魅力は、中央集権の階層的権力によって強制された
アイデンティティではなく、ボトムアップの力強いアイデンティティを持っているところだ。人々
や個々の建物が移り変わったとしても、この独自の特徴は受け継がれ、時とともに進
化していくだろう。東京の都市構造は不滅ではないが、驚くべきレジリエンスがある。
東京の多くの街角には、自然災害、世界的な戦争、経済や政治の変化などを何世
代にもわたって乗り越えてきた「場所の力」が今も残されている。それを理解すること
は、適応性と自発性を有する都市を設計するうえで大いに役立つだろう。

2　横丁
YOKOCHŌ ALLEYWAYS

図 2-1　　新宿・ゴールデン街
　　　　　（2019年7月）

2 　横丁

YOKOCHŌ ALLEYWAYS

2.1 　ディープな東京を発見する横丁

　　　東京の際立った特徴の一つに、小規模店舗が集まる昔ながらの「横丁」があ
る。狭い路地や裏通りを中心に、活気に満ちた飲食店が軒を連ねている 図2-1。横
丁は、「ローカル・トーキョー」[009頁参照]や「コマーシャル・トーキョー」[012頁参照]の駅周
辺の商業地の陰に潜んでいることが多い。古臭い、治安が悪い、混雑しているなど
のイメージを持つ人もいるが、横丁はその空間の小ささや親密な雰囲気から、日常
的な都市生活の場として広く愛されている。それらはどのようにして生まれたのか? そ
して、これからどうなっていくのだろうか?

　　　現在の東京の特徴ある街並みの多くと同じように、横丁は日本の敗戦後に
主要駅の周辺に出現した闇市から始まった。小商いをする闇商人たちの多くは、空
いている場所に掘っ立て小屋を建てて不法占拠者となった。闇市の時代が終わる
と、これらの場所は合法化され、そのうちの多くは再開発によって別の場所に移され、
何千人もの元闇商人たちが、小店舗が密集する商業地区に新しい土地の所有権
を得た。政府の移転政策により、非合法の露店は飲食店などに姿を変え、これらが
集まる小規模な商業地区は、駅周辺から別の近隣地域へ移っていった。

　　　東京では、建築家や都市計画家だけでなく一般の人々の間でも、現象として
の「横丁」への関心が高まっている。それらは「未知の」空間、あるいは「探検すべき」
興味深い空間として、あるいは「ダーク」で「ディープ」な東京を発見する場としてメディア
などで紹介され、「昭和レトロ」の雰囲気が感じられる遺物としても注目されている[8]。
学術的研究においては、横丁は戦後の日本の都市の変容を象徴する都市形態の
原型とも考えられている[9]。1949年にGHQが露店整理令を発令し、露店が廃止
された後、横丁は今も東京に残る以下の四つの建築形態に置き換えられた[10]。

1　　　デパート型:デパートのような建築の中に小規模店舗が均一に配置されたもの

2　　　会館型:デパート型より規模が小さく、店舗が壁で仕切られ独立していて、建
　　　　物の1階にある路地のような通路から店へアプローチするもの

3　　　地下型:ビルの地階に小規模店舗が集積したもの

4　　　長屋型:狭い路地に面して奥行きのある空間に小規模店舗が集積したもの
　　　　で、東京の歴史的な横丁の多くの建築的基盤となっている

　　　本章では、横丁の社会的・空間的な特性が東京の街並みにどのような影響

を与えてきたのかについて考察し[11]、なぜ横丁によって、小さな主体が相互に影響しあいパッチワークのように活力に満ちた都市のエコシステムが生み出されたのかを解説する。

2.2　横丁とは?

　　もともと「横丁」[12]という言葉は、高度に組織化された江戸の都市構造、すなわち「丁」(通り、区画、あるいは町)の「横」にある狭い通りを指していたが、時代の変遷とともに、現在のような意味合いになった。横丁は、日本の都市部の主要駅周辺の盛り場に多く存在する。典型的な横丁とは、小さな飲食店が集まった路地のことで、大通りや駅前からは直接見えない、隠れ家的な夜の街を形成している。

　　本書では、東京の建築的・文化的遺産にふさわしい本物の横丁だけに注目し[13]、デベロッパーがショッピングモールなどの商業施設に設けた「人工的な横丁」(横丁という言葉のイメージを利用したフードコートのようなもの)は対象にしていない。具体的には、主に3階以下、建築面積50m²以下の低層ビルを中心とした、道路幅4m以下の路地に面する小さな飲食店の集まる飲み屋街を選んでマッピングした。

　　このような条件に当てはまる横丁の多くは消滅してしまったものの、今でも東京のあちこちに存在する 図2-2 。それらの多くは駅や大通りの近くにあるが、高いビル群の陰や都市の街区の中に潜んでいることもある。多くの場合、横丁は不法占拠された土地につくられており、地権が曖昧なため、これらの地域で再開発の機会を狙っ

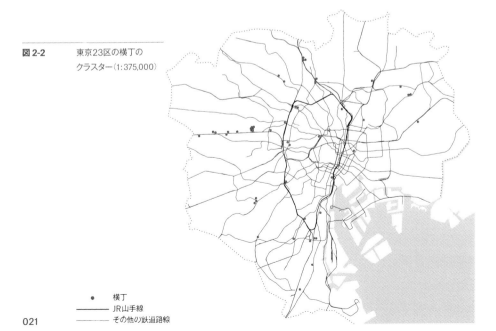

図 2-2　東京23区の横丁の
　　　　クラスター(1:375,000)

・　　横丁
――――　JR山手線
――――　その他の鉄道路線

ている不動産会社にとっては手がつけにくい場所となっている。横丁の多くは、経済的に持続可能な程度に繁盛しており、所有者たちが一致団結していれば、デベロッパーの開発圧力に負けることはないだろう。横丁には昔ながらの木造の建物が残されていることが多く、共同トイレを設置することで極小の飲み屋でもカウンターと客席だけで営業することができ、内装の自由度も高い。そして、直線状に伸びる路地だけでなく、複雑な路地網に沿って飲食店が集まることで、さまざまな形態の横丁が生まれている[14]。

　　横丁は、東京の日常的な都市生活の重要な舞台であり、社会学者のレイ・オルデンバーグの言葉を借りると、それらは仕事場や家以外の「サードプレイス」（第三の居場所）としての役割を果たしている[15]。横丁では、客同士、あるいは客と店主（バーテンダー自身であることも多い）の交流が活発に行われる[16]。

　　一方で、横丁が人気の観光スポットになったことで、こうした雰囲気を維持するうえで新たな課題が持ち上がった。日本語を話さず、日本の社会的習慣も理解していない外国人客の存在は、このような親密な環境では特に切実な問題だからだ。しかし、次に述べるように、ゴールデン街のような有名な横丁は、マスツーリズムの時代において、逆にその柔軟性と適応性が強みになることを証明している。

2.3　　闇に隠れた始まり、不透明な未来

　　前述したように、ほとんどの横丁は戦後の配給制の時期に仮設の闇市として始まった。当時、東京には約6万軒の闇市の露店があったと推定されており[17]、通勤路線のほとんどの駅には、少なくとも一つは不法に入手した商品を売る小さな市場があったという。

　　1949年にGHQによる露店整理令が出されると、闇市の露店を排除する動きが始まった。注目すべき点は、これらの施策は、闇市の商人を社会から追放すべき犯罪者としてではなく、戦後の開発を次の段階に進めるために必要な集団として扱ったことだ。露店整理令により、多くの闇市の商人が駅周辺の土地から別の近隣地域へ移転した。1950年代後半には、日本の急激な経済復興によって、闇市は廃れていった。変化する時代のニーズに応えるために、市場の露店は徐々に軽食や飲み物を提供する飲食店に変わっていった。

　　1950年代後半から1970年代にかけて日本の高度経済成長期には、駅周辺の土地は可能な限り開発され、大規模なオフィスビルや商業ビルが建設された。しかし、闇市があった土地は、所有者が異なる狭小地の集積だったため、再開発することが難しかった。一体的な建設用地を確保するためには、大勢の所有者に土地を売ってもらうよう説得しなければならなかったからだ。それでも多くの横丁は消滅

してしまったが、なかには新宿の「ゴールデン街」のように、再開発の強い圧力を受けながらも、地元の商店街振興組合を中心に組織的な反対運動を展開し、奇跡的に生き残ったところもある[18]。

　　さらに横丁は、都市開発のために土地の売却を迫られているだけでなく、他にもさまざまな問題に直面している。横丁の大半を占める1950年代に建てられた木造の建物は、構造補強や改修を行っても劣化は避けられない状態だ。また家族経営の商売では、親が好きでやっている長時間労働・低収入の仕事を続けたいと思う後継者がいない。常連客の多くは団塊世代だが、彼らは一斉に定年を迎え、深夜の飲み会からも遠ざかりつつある。そして、狭い、汚い、危険といった一般的な横丁のイメージが、問題をさらに深刻にしている[19]。

2.4　　　　スタートアップを支える現代の横丁

　　このような現実的な問題はあるものの、都市再生の有力な担い手としての横丁への関心が高まっている[20]。「ゴールデン街」では、若い世代のバーテンダーや客を増やすことに成功し、横丁が世代を超えて支持されており、再開発を抑制できる限りは、消滅の危機に瀕しないことは明らかだ。たとえば、2008年には、1950年代から池袋駅周辺の歓楽街を支えてきた「人世横丁」が取り壊されたが、恵比寿に新しいスタイルの「恵比寿横丁」が誕生した。この恵比寿横丁は、戦後の古い横丁の雰囲気を再現しているだけでなく、複数の若いシェフがそれぞれ小さな飲食店を運営するというユニークな運営体制をとっている。店舗面積が小さいので、一等地の物件としては格安の賃料で借りることができ、起業家がビジネスを展開することができる。

　　このような「現代の横丁」の動きは、東京だけでなく全国に広がっている[21]。横丁モデルは、飲食店経営者にとっても顧客にとっても、ビジネスそしてクリエイティブな面でも利点が多い。外食産業は初期投資のコストが高く、新規開業しても数年で失敗することが多い。その結果、たとえばアメリカではフードトラックの利用が増えているなど、世界中の料理人は、各地域の状況に合わせて、スタートアップのコストやリスクを下げる方法を模索している。横丁の店舗スペースはインフラ・機器の共有やアウトソーシングが可能なので、個人の投資を最小限に抑えることができるし、何より床面積が小さいので賃料が安い。たとえば、恵比寿横丁の店舗面積は3〜5坪程度と小さく[22]、それぞれの店舗が独立した経営を行っているので、自然と若い経営者が集まる傾向があり、彼らを支援・育成することで、この分野のイノベーションの拠点としての役割を果たしている。

　　若い飲食店経営者にとって、横丁モデルは、リスクは下がるが創造性が損なわれてしまうフランチャイズ店などの選択肢に代わる手段だ。何より重要なのは、横

丁の空間の魅力が、多くの飲食店がしのぎを削る都市においてこそ、より多くの顧客を獲得するうえで有利に働くという点だ。東京には、ニューヨークやパリよりもはるかに多くの飲食店があり、「盛り場」と呼ばれる世界で最も高密度な歓楽街がある。常連客がいない新しい飲食店にとって、客に認知してもらうことは生き残るための必須条件ともいえる。

　　横丁は、それ自体が目的地になる。たとえば、恵比寿横丁は、東京の若い独身者たちの出会いの場として知られるようになった。週末の夜にはロマンチックなムード（あるいは束の間の関係かもしれないが）が漂い、店によっては他の客といちゃつくのを禁止する明確なルールを掲示していることもある。それに対して、ゴールデン街では、もっとゆったりした静かに物思いに耽るような雰囲気がある。各横丁はさまざまな個性を持ち、客同士が交流しやすく、誰もが自分の居心地の良い場所を見つけられるような控えめな親密さを備えている。

　　本章では三つの横丁についてそれぞれの特徴と共通点を詳細に分析する。世界一密集した飲屋街として知られる新宿の「ゴールデン街」図2-3,4と、再開発地区の高層ビルの狭間にあり、2階建の小さな飲み屋が集まる渋谷の「のんべい横丁」図2-5,6は主要駅のそばに立地し、西荻窪にある「柳小路」図2-7,8は、JR中央線沿線の都心周縁部にあるローカルな横丁だ。東京に残る多くの横丁が主要駅付近にあり、なかには世界的に有名なランドマークになっているものもある一方で、柳小路は今でも地元志向の気取らなさがあり、横丁が日常的な都市生活において重要な役割を果たしていることを示す好例といえる。

2.5　　新宿・ゴールデン街——世界一密集した飲み屋街

　　東京で最も有名な横丁は、東新宿の「新宿・花園ゴールデン街」、通称「ゴールデン街」だ。面積はわずか3,265m²（サッカーのフィールドの半分程度）だが、250軒以上の深夜営業の飲み屋が網目状に広がる路地で結ばれており、飲食店のほかサブカルチャーのアートやパフォーマンスのスペースもいくつかある。路地の幅は1.7〜2.7mで、腕を伸ばせば両側の壁に届く場所もある図2-9,10。これらの路地は公共の土地ではなく、ゴールデン街の店主たちが管理している私有地だ。

　　10〜15m²程度の広さの飲み屋の内部空間は、非常に個性的かつ独創的であり、店に流れる音楽や装飾で店主の独自の世界観を表現している。ゴールデン街は、さまざまな人との出会いや会話を楽しめる居心地の良い環境を提供している。店主たちは、半世紀以上にわたって芸術家やボヘミアンを魅了してきた親密さとクリエイティブな雰囲気を大切にしており、地元の住民だけでなく多くの外国人観光客も訪れるようになっている図2-11〜14。

ゴールデン街は、新宿駅の東側にあった戦後の闇市の露店から始まった。1949年に露店の強制撤去が始まると、闇市の住民は、500mほど離れた現在のゴールデン街がある場所に一斉に移された。多くの長屋は1階が飲み屋、2階が個室という造りになっていたため、この場所はすぐに売春地帯として名を馳せるようになった。1957年に売春防止法が施行され、性風俗業への規制が強化されてからは、この地域は飲み屋街へと変わっていった。

　　ゴールデン街の歴史をひもとくと、四つの時期に分けることができる[23]。第1期の1965〜84年の20年間は、1965年に「新宿ゴールデン街」という名称がつけられて以降、多くの知識人や芸術家が訪れるようになり、店の数も増えていった。

　　第2期の1985〜95年の10年間は、緊迫した不透明な時期だった。バブル景気で地価が高騰し、ゴールデン街は地上げの対象になった。この時期、ゴールデン街では不審な火災が頻発していたが、それらは地上げ屋による放火だと噂されていた。地上げ屋から身を守るために、1986年に店主らによる有志団体「新宿・花園ゴールデン街を守ろう会」が設立されたが、それでも時代の圧力に負けて多くの飲み屋が閉店を余儀なくされた。

　　やがて、バブルが崩壊して地上げの圧力は緩和され、ゴールデン街はある程度、平穏を取り戻した。第3期に当たる1990年後半には、商店街振興組合が中心となって地域の再活性化に向けた大々的な取り組みを行い、共同所有の路地や公共インフラの改善や整備に尽力した。この時期の空間整備による生活の質の向上が、ゴールデン街の長期的なサステナビリティの基盤となった。

　　そしてゴールデン街は、世代交代という重要な局面もうまく乗り切った。2000年に借地借家法の一部改正により、高齢になった店主が土地を売却せずに新しいテナントに貸し出すことが可能になり、この街の文化に憧れる若い経営者が次々に開業するようになり、ゴールデン街は第4期を迎えた[24]。店主の引退によって多くの横丁が消滅したり規模を縮小したりするなかで、ゴールデン街では創業者たちが高齢化しても衰退の兆しは見られない。現在、古い店と新しい店、ベテラン店主と若い経営者が、バランスよく混在している。

　　今日、多くの横丁が直面している衰退や廃墟化の問題を克服して再生に成功したゴールデン街は、横丁の「第5期」の始まりを象徴するような新しい課題に直面している。つまり、東京でも人気の観光スポットになったのだ。東京への観光客は、2009年の476万人から2019年には1517万人へと10年間で3倍も増加した[25]。日本人と同じぐらいの数の外国人が夜のゴールデン街を訪れるようになったことで、親密でカウンターカルチャー的な地域の特徴が失われてしまうのではないかと懸念されている。

　　しかし、ゴールデン街の店舗は小規模で分散しているので、サステナブルな

図 2-3　ゴールデン街の夜景
（2019年7月）

均衡が保たれているようにも見える。もともとゴールデン街の飲み屋は店によって客層が多様だったが、今では外国人観光客への対応の仕方に明らかな差異が生じつつある。飲み屋の半分は、外国人観光客に親切に対応するか積極的に受け入れているが、残りの半分は、日本語を話さない客に無関心な店から「一見さんお断り」を掲げる店までさまざまだ。多くの飲み屋では、地元の客とよそから来た客で異なる習慣やそれぞれの期待に応えるために、さらにクリエイティブな方法を見出しつつある。たとえば、最近では日本人客だけにお通しを出し、カバーチャージ（お通し代）を請求する店が増えている。日本の飲み屋では標準的な「お通し」の習慣に、外国人客は戸惑うことが多いからだ。外国人客はカバーチャージを払わない代わりに、飲み物代に加算されて請求される。

　　　大局的に見ると、観光ブームのおかげで、ゴールデン街の店主たちの間に地域のアイデンティティを育み維持することの重要性に対する共通認識が高まった。ゴールデン街への観光客の流入は、東京の20代の若者たちの間に「横丁ブーム」を起こすきっかけとなった。彼らの多くは、ゴールデン街は危険で物騒な場所だと聞かされて育ったが、外国人の熱烈な支持を目の当たりにして、その価値を再認識したのだ。

　　　以上のように、ゴールデン街には各時代の制度や世相に合わせて生き残る回復力や適応力の高さがあり、それがこの街のしなやかな魅力となっている。

2.6　　渋谷・のんべい横丁——再開発を免れた極小の飲み屋街

　　「のんべい横丁」の今にも崩れそうな小さい飲み屋がひしめく路地は、交通の要所であり観光地でもある渋谷駅から歩いて数分、グローバルな都市の巨大な

図 2-4　　　ゴールデン街の変遷(1:4,000)　　　　　　　　　　　0　　　40m

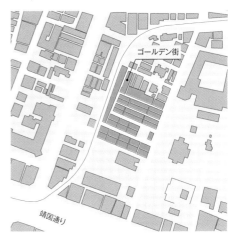

1933　戦前、この辺りはまだ住宅が多かった。路面電車
の東京市電新宿線が通っており、靖国通りの西
側はまだ拡幅されていなかった。

出典：火災保険地図（都市整図社, 1933）

1962　この時点で、戦後の闇市は10年以上前に解体
され、業者は移転していた。その移転先の一つ
が、拡幅された靖国通りの裏手にある現在の
ゴールデン街である。

出典：東京都全住宅案内図帳（住宅協会, 1962）

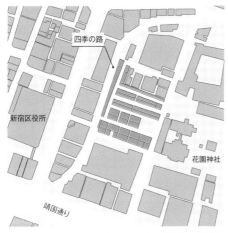

2018　路面電車の線路は1970年に解体され、緑道（四
季の路）となった。ゴールデン街は再開発を免れ
たが、周辺の土地はほとんどが合併されて大型
商業施設が建設されている。

出典：住宅地図（ゼンリン, 2018）

高層ビル群の狭間でひっそりと人目につかず小さな生活の場を形成している 図2-15。

　のんべい横丁は、並行する2本の路地に沿って四つの長屋が並ぶ、非常にシンプルな構成だ。一つの路地がJR山手線の高架下沿いに走り、幅1.5mしかない路地が数本、長屋の間を縫うように走っている 図2-16。この狭い帯状の地域には38軒の活気あふれる飲み屋があるが、その大半はわずか幅2.1m、奥行き2.3m程度の建築面積しかない。その平均面積は4.8m²で、東京の中でも最小の部類に入るが、1階には5席程度のカウンターを設け、2階には5人掛けのテーブル席を用意するなどして、この極小規模の空間は非常に有効に活用されている 図2-17~20。

　のんべい横丁は、戦後、渋谷駅付近、特に道玄坂や現在の文化村通り沿いに、非合法の露店が無数に出現したことに始まる。1949年に露店が撤去された後、渋谷区は「マーケット」と呼ばれる常設の建物の中に露店を移転させる計画を立てた。マーケットに移転できる業者は抽選で選ばれ、グループごとに移転区画を割り当てられた[26]。

　のんべい横丁のある路地は、そのような露店の移転先の一つで、渋谷中央マーケットの裏に位置し、人目につかないが便利な場所だった。のんべい横丁の起源となる常設の建物は1951年に建設され、当初は1階建てだったが、所有者が徐々に手を加えて、現在の2階建てになった[27]。移転してきた業者たちは「渋谷常設商業協同組合」（現在の渋谷東横前飲食街協同組合）を結成し、1956年にこの土地を東京都から買い取った[28]。現在も運営されている組合の規則によると、のんべい横丁の土地は組合のものであり、各店主は建物と営業権だけを所有している[29]。

　日本が高度成長を迎えた1950〜70年代、渋谷は急激に変化した。渋谷が

図 2-6　　　のんべい横丁の変遷（1：5,000）　　　　　　　　　　0　　　　50m

1951　当時ののんべい横丁は、渋谷川と山手線に挟まれた都市の隙間のような場所だった。露店を移すために戦後初めてつくられた市場・渋谷中央マーケットの裏手にあった。

出典：火災保険特殊地図（都市整図社, 1949, 1951）

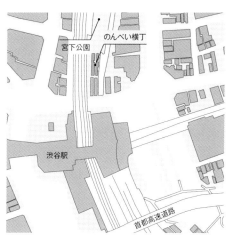

1970　渋谷駅周辺は高度経済成長期に変貌を遂げたが、のんべい横丁と渋谷中央マーケットは変わらなかった。のんべい横丁の北側には、1964年に駐車場の上の人工地盤を再開発してできた宮下公園がある。

出典：住宅地図（ゼンリン, 1970）

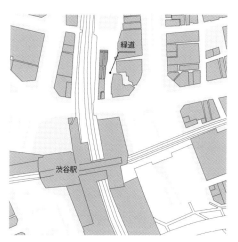

1991　横丁沿いの渋谷川には蓋がされ、区が管理する緑道となっている。渋谷中央マーケットは再開発され、2棟の雑居ビルが建設された。

出典：住宅地図（ゼンリン, 1991）

2019　2012年に完成した渋谷ヒカリエを皮切りに、周辺地域では新しい商業施設や高層のオフィスビルが次々と建設されている。2020年には宮下公園の跡地がショッピングモールとホテルの複合施設として再開発された。しかし、のんべい横丁はいまだに都市の小さな隙間に生き残っている。

出典：住宅地図（ゼンリン, 2019）

029

商業中心地になると、土地は合併されて、より高層の建物が建てられた。しかし、のんべい横丁は、インフラを少し改良した以外、ほとんど変化はなかった。ゴールデン街と同じように、この横丁もバブル期の地上げに抵抗して生き残り、今も渋谷駅周辺が激変するなかで古い木造建築はそのまま残されている[30]。

　　渋谷と横浜を結ぶ近郊路線と渋谷の一等地の不動産の多くを所有する東急は、近年、渋谷の大規模開発に着手し、渋谷駅周辺や駅舎の上にオフィスおよび商業施設を含む超高層タワーを6棟以上建設している。渋谷区は、渋谷駅付近に残された最後の自由な屋外公共空間だった宮下公園を、高層ホテルと4階建てのショッピングモールに変え、公園を破壊してしまった罪滅ぼしとして、屋上に形ばかりの緑地を設けただけだった[31]。

　　このように都市の自由な空間を破壊する再開発が進むなかで、のんべい横丁の38軒の飲食店は、渦中を生き延びただけでなく、より一層繁盛している。渋谷川、JR山手線、そして宮下公園を占拠してしまったショッピングモールに挟まれた横丁の土地を管理する組合は、デベロッパーからの破格の買収提案を半世紀近くも拒否してきた。ゴールデン街と同じように組合員の多くは高齢化しているが、近年はこの地域の未来に情熱を燃やす若い店主や顧客が増え、のんべい横丁はますます盛り上がりを見せている。さらに、観光地としての渋谷の魅力も手伝って、強力な顧客基盤が確保されている。

2.7　西荻窪・柳小路──多国籍感あふれるローカルな飲み屋街

　　柳小路は、東京都心部のJR山手線と、東京で最も文化的でボヘミアンな都心周縁地域（吉祥寺、西荻窪、荻窪、高円寺など）を結ぶJR中央線の西荻窪駅南口に位置するローカルな横丁だ 図2-21, 22。柳小路は、ゴールデン街やのんべい横丁のような観光スポットではなく、地元住民の生活に欠かせない場所だ。幅3mの路地沿いに立ち並ぶ14〜30m²の2階建ての木造長屋に45軒の小さな飲食店が入居している 図2-23〜26。車両の通行が禁止されており、普段は歩行者が外で飲食を楽しむ賑やかで開放的な通りになっている。

　　柳小路は東京の観光経済に依存していないため、他の横丁が直面しているような問題は起きていないものの、独自の脅威に直面している。東京西部の下北沢をはじめとする他の近隣地域と同じように、独自の地域文化をつくりあげることに成功した西荻窪は、デベロッパーの関心を集めている。ジェントリフィケーションが進みつつある下北沢ですでに起こっているように、道路拡幅工事のような一見何の害もなさそうに見える公共工事が、実は再開発を促進するために計画されているのではないかと、地域住民の多くが危惧している。柳小路の土地は、商店街振興組合ではなく、

不動産会社が所有しているため、将来、西荻窪で大規模な再開発が行われたら、この活気あふれる横丁がどの程度生き残れるかは、現時点では不明である。

西荻窪をはじめとする中央線沿線の駅周辺の地域は、1923年の関東大震災の発生後、多くの人が過密な都心部を離れ、西部のもっと広い生活環境に移住するようになってから急速に発展した。しかし、他の郊外住宅地とは異なり、西荻窪は武蔵野市にあった中島飛行機武蔵製作所に近接していたため、第二次世界大戦中にかなりの爆撃を受け、鉄道駅周辺に広大な疎開地が設置された。東京の他の駅と同じように、これらの疎開地は戦後、すぐに闇市の商人に占拠された[32]。闇市が最終的に廃止されると、違法な露天商を正規の市場の露店に集約するために木造長屋の建設が急ピッチで進められた。現在の柳小路はそのような長屋からなる市場の一つを引き継いでいる。

他の横丁と同じように、柳小路も戦後に売春が横行し、「青線地帯」として知られるようになった。1957年に売春防止法が施行されるまで、東京の性風俗業は法的に認められた売春地域（「赤線地帯」と呼ばれる）と、法的には認められていないが売春が可能な地域（「青線地帯」と呼ばれる）に分かれていた。

柳小路は、時代によって形を変えながらも、性風俗業や接待を伴う飲食業を常に前面に押し出してきた。売春が禁止された後は、柳小路の怪しげな店の多くは「スナック」（一般的に、店主または雇われている女性スタッフが男性客をもてなす深夜営業の飲食店）に変わった。スナックという概念は、日本独自のものだ。なぜなら、それは日本特有の法の抜け穴から生まれたものだからだ。政府が不道徳な商売の深夜営業を禁止したとき、深夜営業の飲食店だけは明らかに除外された。そこで、東京に何千軒もある接待を伴う酒場は、飲食店として営業許可を得るために軽食を提供することによって、「不道徳」という汚名を着せられることなく、女性スタッフが客をもてなすことができるようになった。窓もなく人目につかないこれらの酒場は、中高年の男性に好まれる傾向があるが、若い人たちがレトロでキッチュな雰囲気を楽しむために利用することもある。スナックは、「ママさん」と呼ばれる女性のバーテンダーと会話を楽しんだり、カラオケで歌ったりするのが一般的だ。

1980年代までの数十年間、柳小路の店舗の大半はスナックであり、そのなかに家族経営の居酒屋や蕎麦屋などが数軒混ざっているという状況だった[33]。1969年に中央線の荻窪駅から三鷹駅間が高架化されると、路地の北側の木造建築は取り壊され、より大きなコンクリート造建築に建て替えられた。したがって、現在の路地の北側には、中央の路地沿いに残る木造長屋のヒューマンスケールで親密な雰囲気はない。

2001年に日本人の店主がタイ料理店「ハンサム食堂」をオープンして以来、

図 2-7　　柳小路（2020年7月）

若者や女性の客が増え、柳小路はより国際色が豊かになった。その翌年には、バングラデシュ料理店「ミルチ」がオープンした。それ以降、新しい世代の客が増えるにつれて、柳小路の飲食店は客層、店主、国籍などが多様化してきた[34]。今も古いスナックは残っているが、路地はより開放的な雰囲気になった。ファサードは外から店内が見えるような店構えになり、店主は店の外に椅子やテーブルを置くようになった。

　　この地域は都心周縁にありながらも、取り壊しや再開発の脅威にさらされている。柳小路の土地は不動産会社1社が所有しているため、土地を共同で所有している他の横丁と比較すると、再開発に対して抵抗しづらい。近年、杉並区が数十年前から計画している、柳小路に近接する北銀座通り（青梅街道と西荻窪駅を結ぶ道路）を5m拡げる道路拡幅計画に対する懸念が高まっている[35]。1966年以降、北銀座通り沿いに新しい建物を建てる際には、これらの計画に基づく厳しい規制が課されていた。しかし、この道路自体は実際に拡幅されたことはなく、柳小路のスケール感はそのまま維持されてきた。

　　2016年、東京都は50年間も放置していたこの道路拡幅計画をようやく実行に移すことにした。この計画では、建物の後退距離の規定に適合しない建物を取り壊すことを想定しており、柳小路をはじめとする多くの小規模店舗が集まる駅南側のエリアに影響を与えることになる。地域住民の中には、この道路拡幅計画は不当であるだけでなく、公然と破壊的行為を行うものだと捉え、行政の計画が突然復活したのは、西荻窪の再開発を目指すデベロッパーに促されたからではないかと疑う人も多い[36]。法的には、道路の拡幅によって、より高層の建物の建設が可能になる。そして、東京の多くの地域で起こっているように、道路拡幅工事に伴って建設される高層建築や高級タワーマンションは、この地域の既存の都市構造や社会のエコシス

図 2-8 　柳小路の変遷(1:2,500)

0 ─── 30m ◗

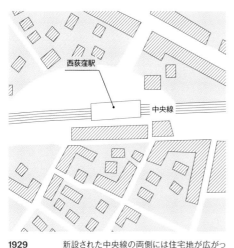

1929 新設された中央線の両側には住宅地が広がっている。戦後に出現したマーケットの面影はまだない。

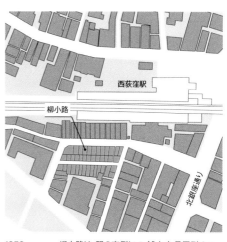

1959 柳小路は、駅の南側につくられた長屋型のマーケットの一部を受け継いでいる。均等に区割りされた小さな土地は維持されており、この時点でほとんどの店舗がスナックに変わっている。

出典：火災保険特殊地図(都市整図社, 1959)

建物群

出典：1万分の1地形図荻窪(大日本帝國陸地測量部, 1929)

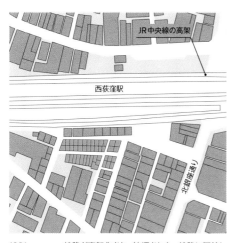

1981 線路が高架化され、拡幅された。線路に隣接していた建物は取り壊され、より大きなコンクリート構造の建物が新設されている。柳小路の店舗の土地の大きさはほとんど変わっていないが、スナックに混じって家族経営の飲食店が現れ始める。

出典：住宅地図(ゼンリン, 1981)

2018 柳小路の店舗の小さな土地が統合されて、大きなバーがいくつかできたが、全体の構成は残ったままである。横丁は地域に深く根ざした酒場の集積地となっている。しかし、北銀座通りの拡幅計画がきっかけとなって再開発が行われ、柳小路を含む地域全体が変わるかもしれない。

出典：住宅地図(ゼンリン, 2018)

テムを脅かす可能性が高い。道路拡幅工事に反対するこの地域の活動家たちは、柳小路を地域の核となる守るべき価値のある場所だと考えている。

　　柳小路の成功は、「東京の現代の横丁は、単なる観光客向けのテーマパークではない」ことを明確に示している。柳小路は郊外住宅地を基盤としているにもかかわらず国際色豊かだが、外国人観光客が訪れなくても繁盛しているし、深く根づいたコミュニティのおかげで不景気の波を乗り越えてきた。柳小路の中心にある幅3mの路地には、さまざまな国籍の老若男女が訪れる。路地に面した窓や扉が開け放たれ、外にはテーブルや椅子が置かれていて、この路地はその狭さにもかかわらず、驚くほど居心地が良い。西荻窪は、人々に愛される小さな店や風変わりな店が集まる独特のコミュニティを育ててきたが、柳小路はその中心的な役割を担っている。

2.8　　　　横丁から学ぶこと

　　小さなボロボロの木造建築が立ち並ぶ昔のままの地域が、東京の最も地価の高い場所で生き残るにはどうすればいいのか? それらはなぜ、芸術家や知識人、観光客にとってこれほどまでに魅力的なのか? 横丁を覗いてみると、社会的側面と空間的側面が絡みあい相乗効果を生み出している様子がわかる。横丁は、極限まで凝縮された小さな建築によって支えられた、共通利益のエコシステムを生み出す。私たちはそれらから、どのようなデザインの原理を学ぶことができるだろうか。

2.8.1　　　小ささが育むコミュニケーションと個性

　　横丁の飲み屋の最も顕著な特徴は、その小ささだ。ほとんどの店は1人で営業しており、収容客数は5〜10人、床面積は7〜15m²程度だ。店主への聞き取り調査によると、彼らはスタッフと客、そして客同士のコミュニケーションを円滑にしてくれることから、この小ささは有益だと考えている[37]。また、横丁の飲み屋は1人で(多くの場合は店主自身によって)切り盛りでき、家賃が安く、トイレなどの設備を(多くの場合は)通り全体で共有できることから、店主はその運営のしやすさや経済性を高く評価している。これによって店主は自立することができ、広く一般大衆をターゲットにするのではなく、自分の店に明確な個性を持たせてそれを好む客層を開拓することで、店の多様性が育まれる。横丁は、住民が自分たちの街の構造を理解しそれを活かす機会を与えられれば、その地域に驚くほどの多様性を生み出すことができることを示している。これは、均質化されたショッピングモールやチェーン店では出すことのできない特質である。

2.8.2　　　気楽な雰囲気が街への帰属意識をつくりだす

　　横丁の飲み屋は、空間も小さく、内装は店主の世界観や人柄を伝える気さくな雰囲気なので、利用者にとって気楽に過ごせるサードプレイスになる。目を見張るようなインテリアデザインを施した洗練された飲食店が多い都市では、こうした気さくな

雰囲気の空間が、居心地の良い環境をつくる重要な鍵となっている。

2.8.3　店主や運営者がお互いに自立できるコミュニティ

　　横丁の賑わいは、再現したり計画したりすることは難しいように見える。しかし実際には、東京の横丁の多くは厳密な計画のもとにつくられた。行政は、闇商売をしていた人々を新しく建設した長屋（現在私たちが横丁と呼んでいる場所）に収容した。業者たちには新しい長屋に移る際に、均等に床面積が割り当てられた。その結果、現在の横丁には土地を集団で所有し、建物のみを個人で所有するところも現れた。そうした横丁では、ほとんどの場合、店主や運営者が長期的に投資しながら自分のスペースをカスタマイズする一方で、横丁全体に影響を与えるプロジェクトの決定に関与することができる。このように細分化された平等な所有権を大事にすることによって、「創発的」なコミュニティと共同責任の意識が育まれたのだ。

2.8.4　小さい集積の経済が地域に柔軟な適応力を生む

　　横丁の飲み屋同士は、厳密に言えば競争相手ではあるが、広い意味ではお互いに協力しあって集客している。横丁では次から次へと飲み歩くのが一般的で、客は複数の店を次々と訪れ、酒や音楽、雰囲気、スタッフや客との交流を楽しむ。このように、潔いほど小さく細分化された空間で構成されローカライズされた「集積の経済」によって、たくさんの「サードプレイス」が集まる「サードプレイス」が出現し、個々の店の浮き沈みにかかわらず、長年にわたって地域の人気を維持することが可能になる。

2.8.5　ボトムアップで創発的なアイデンティティを生み出す

　　それぞれの横丁では、自ずと独自の明確なアイデンティティが形成される。新宿・ゴールデン街は、闇市、赤線地帯、知識人やカウンターカルチャー支持者の溜まり場、世界的な観光スポットなど、さまざまな変遷を経てきたが、従来の社会的・都市的な規範にとらわれないリミナルな独自性を維持している。この独自性は、人目につかない立地、小ささ、コンパクトさといった都市形態によってもたらされている。それは長い年月をかけて現れてきたアイデンティティであり、トップダウンでつくりだされたものではない。誠実な店主たちが一致団結して、さまざまな困難にも負けずに守ってきたものだ。企業がトップダウンで実施するマスマーケットに向けの巨大再開発の時代にあって、横丁は、当事者の意図的な選択が「創発的」なアイデンティティを育むという貴重な事例を提示している。

新宿・ゴールデン街

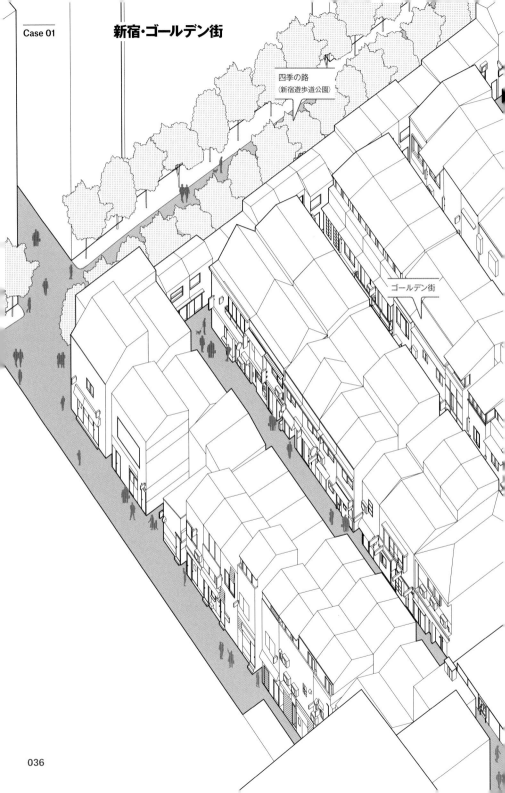

四季の路
（新宿遊歩道公園）

ゴールデン街

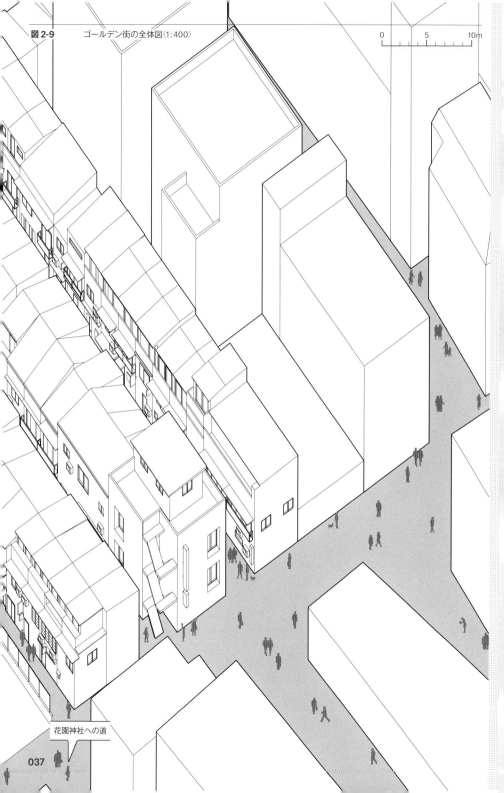

図 2-9　　　ゴールデン街の全体図（1:400）

0　　　5　　　10m

花園神社への道

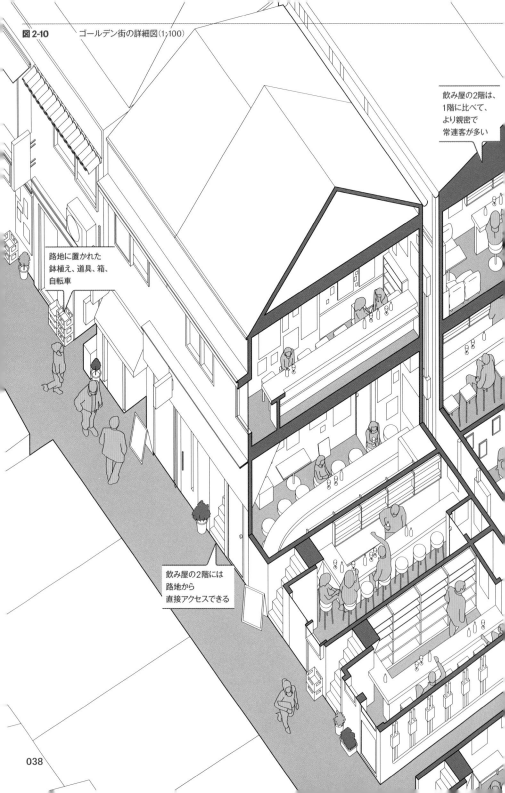

図 2-10　　　ゴールデン街の詳細図（1:100）

飲み屋の2階は、
1階に比べて、
より親密で
常連客が多い

路地に置かれた
鉢植え、道具、箱、
自転車

飲み屋の2階には
路地から
直接アクセスできる

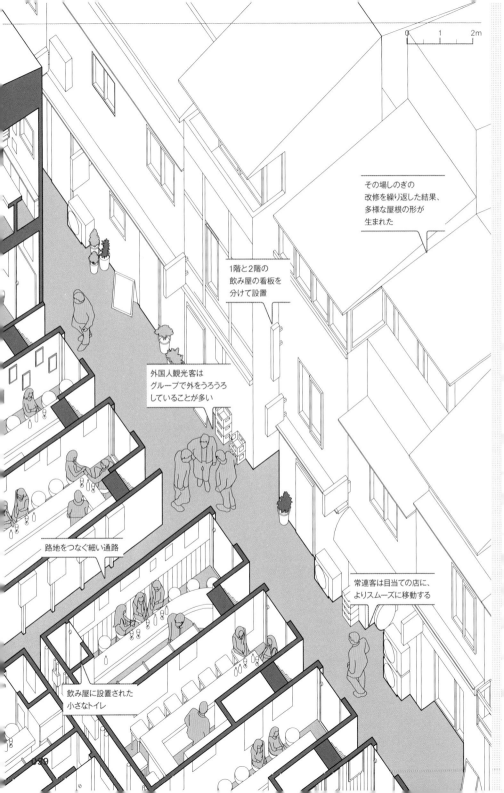

その場しのぎの
改修を繰り返した結果、
多様な屋根の形が
生まれた

1階と2階の
飲み屋の看板を
分けて設置

外国人観光客は
グループで外をうろうろ
していることが多い

路地をつなぐ細い通路

常連客は目当ての店に、
よりスムーズに移動する

飲み屋に設置された
小さなトイレ

図 2-11　ゴールデン街の「あるばか」の断面パースと平面パース（1:60）

0 ──────── 1m

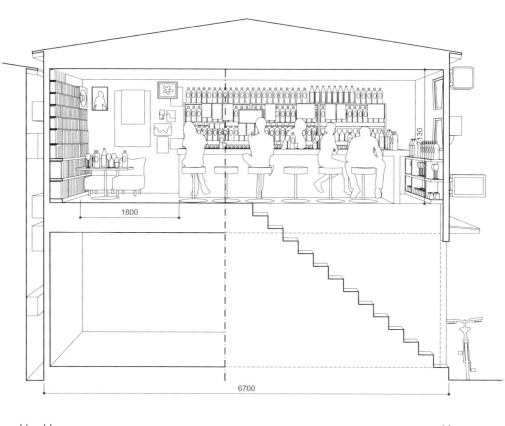

1800

6700

1/30

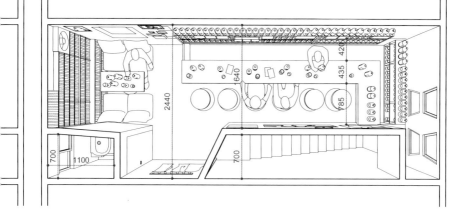

2440

700　1100

700

1640

435　420

785

図 2-12　「あるばか」。店内には大小さまざまなアルパカのぬいぐるみが飾られ、ジャズのレコードや肖像画、オーナーや客の思い出の品々が置かれている。日本の多くのバーと同様に、常連客は自分の名前が書かれたボトルをキープしており、この店との関係がインテリアとして現れている。また、店内には4人掛けの読書コーナーがあり、本がぎっしりと詰まった棚がある。

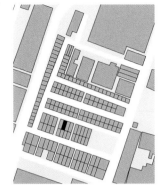

2019年3月

図 2-13　ゴールデン街の「Bar Evi」の断面パースと平面パース（1:60）

0 ┗━━━┛ 1m

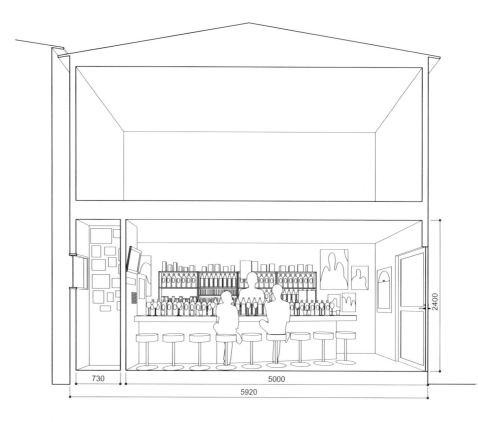

730　　　　　　　5000

5920

2400

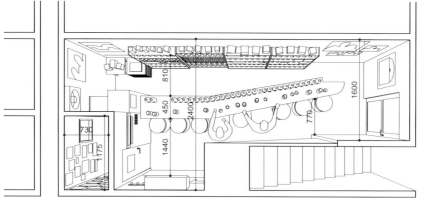

810
450
2400
1600
1440
779
730
175

図 2-14　「Bar Evi」。このバーは映画と音楽に特化しており、映画のポスターがいたるところに飾られ、カウンター裏の棚にはCDが敷き詰められている。棚や壁にはさまざまなフィギュアやポスターが飾られているが、その多くは常連客からのプレゼントだ。トイレには、イベントのチラシなどが貼られていて、地域の掲示板のような役割も果たしている。このように、このバーの装飾と視覚的な雰囲気は、オーナーと客の両方によってつくられている。

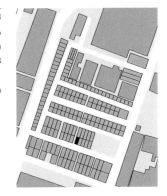

2019年6月

043

渋谷・のんべい横丁

JR山手線の高架

西武渋谷店

QFRONT

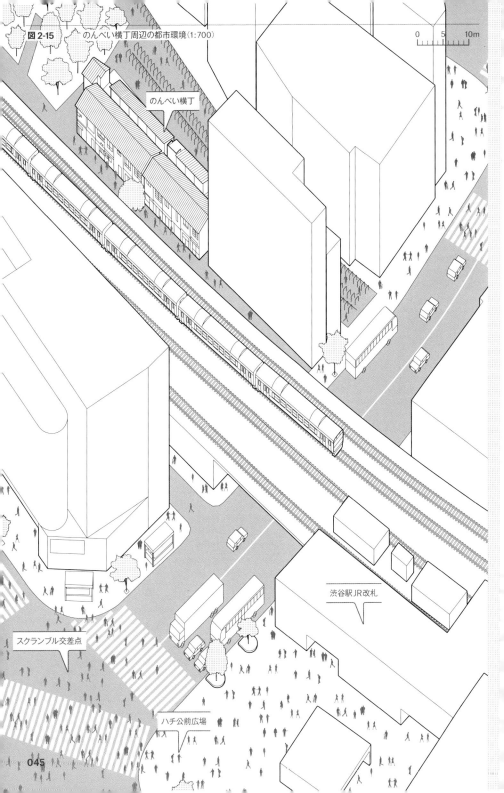

図 2-15 　 のんべい横丁周辺の都市環境（1：700）

0　5　10m

のんべい横丁

渋谷駅JR改札

スクランブル交差点

ハチ公前広場

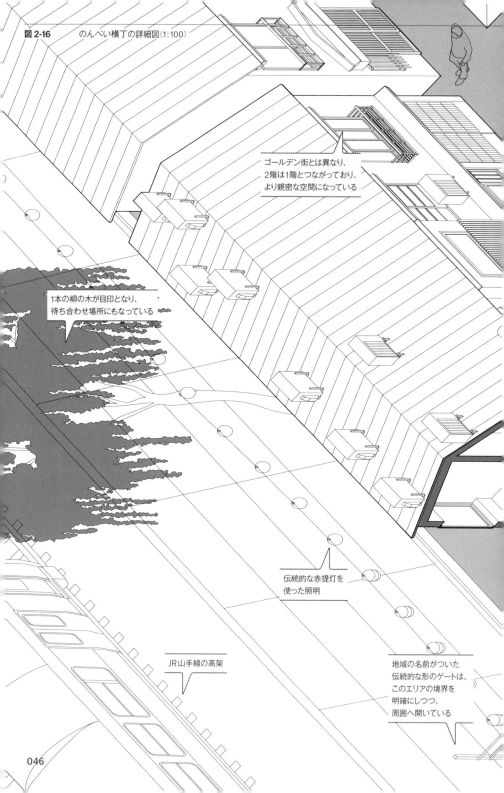

図 2-16　のんべい横丁の詳細図（1:100）

ゴールデン街とは異なり、
2階は1階とつながっており、
より親密な空間になっている

1本の柳の木が目印となり、
待ち合わせ場所にもなっている

伝統的な赤提灯を
使った照明

JR山手線の高架

地域の名前がついた
伝統的な形のゲートは、
このエリアの境界を
明確にしつつ、
周囲へ開いている

046

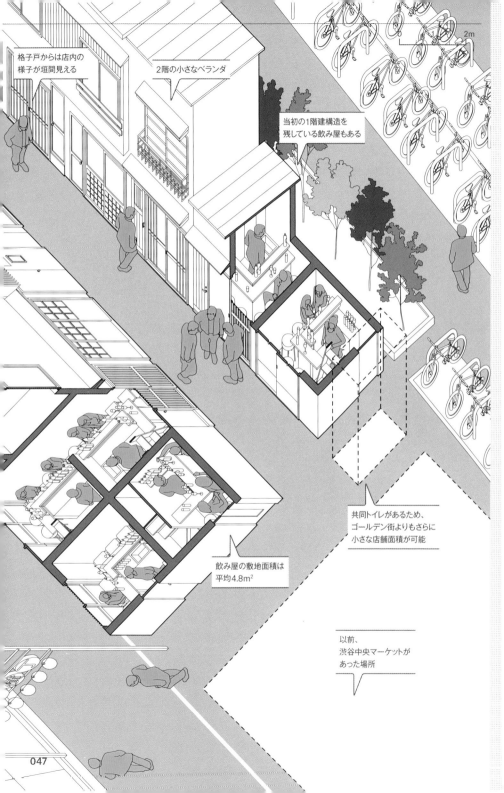

格子戸からは店内の
様子が垣間見える

2階の小さなベランダ

当初の1階建構造を
残している飲み屋もある

共同トイレがあるため、
ゴールデン街よりもさらに
小さな店舗面積が可能

飲み屋の敷地面積は
平均4.8m²

以前、
渋谷中央マーケットが
あった場所

2m

図 2-17 のんべい横丁の「ビストロダルブル」の断面パースと平面パース（1:60）

0 ⊢————⊣ 1m

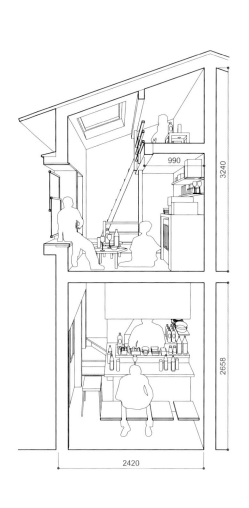

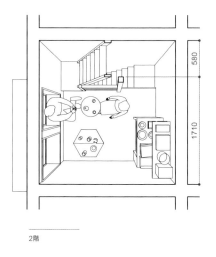

2階

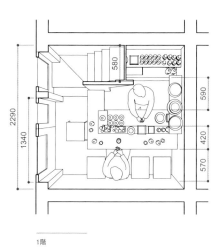

1階

図 2-18　「ビストロダブル」。2人の経営者が二つの異なるビジネスを行っており、昼間はミルクセーキやビーガンタコスのバーを開き、夜はフレンチビストロに変わる。のんべい横丁の西側にあるこの店は、好奇心旺盛な通行人を惹きつける絶好の場所に立地している。扉を全開にすると、カウンターが現れ、道行く人を招き入れる。外国人観光客は、この店に訪れたことをマーカーで壁に書き込んだり、「サンフランシスコのどのバーよりも良い」と言ったりしている。2階には自然光が降り注ぎ、リラックスできる小さなスペースがたくさんある。ロフトに座れば、天窓から空が見え、窓辺は隣の柳の木に面している。多くの横丁では、窓のない深夜の酒場というイメージを払拭するために、昼間のサービスを充実させたり、明るい空間をつくったりすることで、サービスや外観の多様化を図っている。

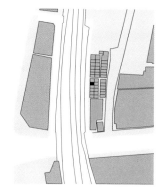

2020年8月

図 2-19　のんべい横丁の「うさぎ」の断面パースと平面パース（1:60）　　0　　　　　1m

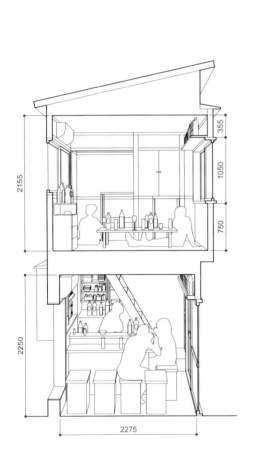

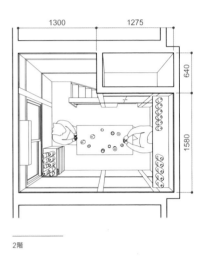

2階

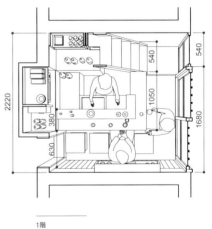

1階

図 2-20　「うさぎ」。2019年にオープンしたこのバーは、のんべい横丁の次世代を担う若手オーナーの1人が経営している。1階には5人が座れるカウンターがあり、2階にはテーブル席が用意されている。店内には裏口があり、客が外に出やすいようになっている。通常のドリンクに加えて、日本の家庭料理を提供している。小さなキッチンでは、調理、盛り付け、洗い物などを非常にコンパクトに行うことができる。厨房の棚は、路地に張り出して設置されている。シンプルな日本料理と、気取らない居心地の良さが親近感を呼び、地元の人はもちろん、外国人観光客が客の半分を占める。

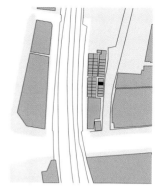

2019年10月

西荻窪・柳小路

柳小路

神明通り

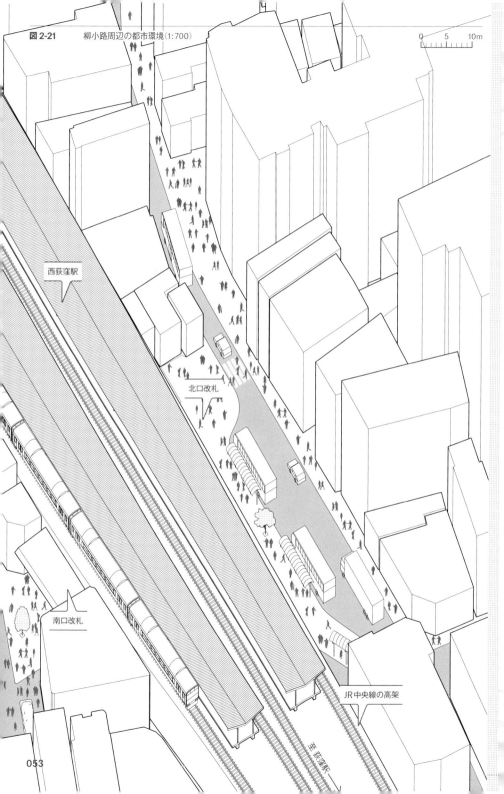

図2-21　柳小路周辺の都市環境（1:700）

0　5　10m

西荻窪駅

北口改札

南口改札

JR中央線の高架

西荻窪駅

053

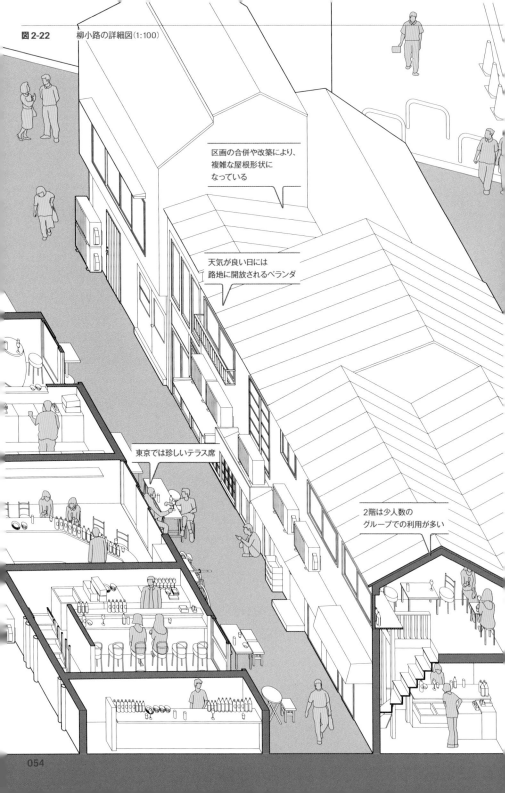

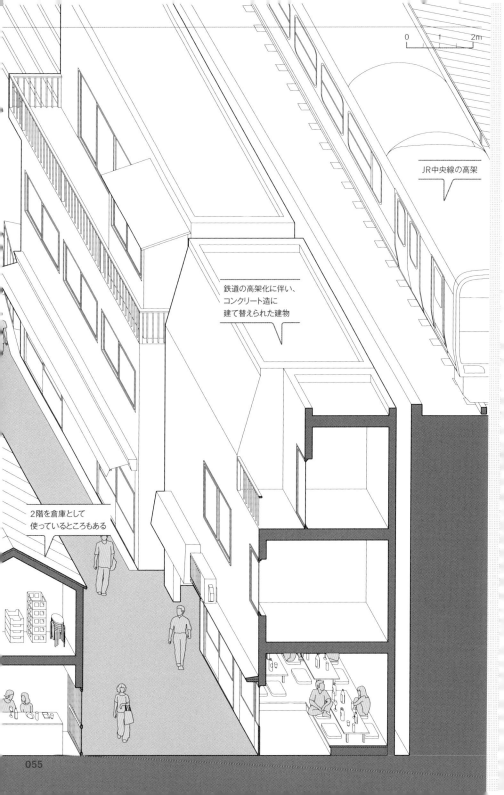

JR中央線の高架

鉄道の高架化に伴い、
コンクリート造に
建て替えられた建物

2階を倉庫として
使っているところもある

図 2-23　柳小路の「Greek Bar」の断面パースと平面パース(1:60)

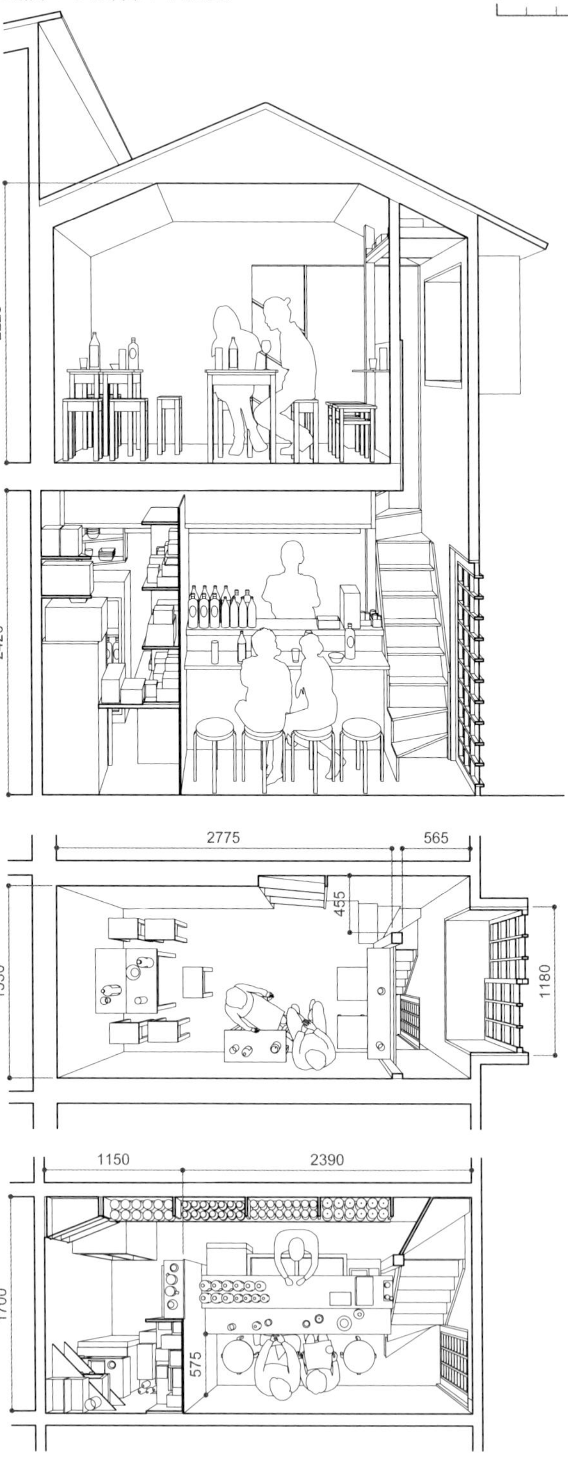

0　　　　　　1m

2225

2420

2階

2775　　　　565

455

1530

1180

1階

1150　　　　2390

1700

575

図 2-24 「Greek Bar」。鮮やかな青色と黄色に塗られ、ギリシャの品々が飾られたこのバーは、多文化な柳小路に新たに加わった店舗の一つである。若いギリシャ人シェフであるオーナーが経営するこの小さなスペースは、柳小路の中でも最も小さい部類に入る。この地域のほとんどのバーが、1950年代初めにつくられた幅1間、奥行き2間の平面形式のままであり、それに応じて家賃やコストを抑えられている。1階には、コンパクトなカウンターのほかに、ギリシャ料理の材料や器具を保管するキッチンがある。柳小路の他のバーと同様に、天気の良い日には路地にテーブルと椅子を置いて客を迎え入れている。

2020年2月、8月

図 2-25　柳小路の「ハンサム食堂」の断面パース（1：60）と平面パース（1：100）

1階

2-3階

図 2-26 「ハンサム食堂」。2001年にささやかな店としてオープンしたタイ料理店。人気が出たために隣のビルにも進出し、複雑な立体構成となった。エントランスは、路地に面したバーカウンターを兼ねている。1階のほとんどをキッチンが占め、2階と3階には大きさやデザインの異なるダイニングテーブルが置かれている。椅子やテーブル、手すりなどの細部は木で丁寧につくられており、これらの凝ったインテリアは、さまざまな大きさや種類の窓によって外部と視覚的につながっている。夏には窓を開け放つことで、室内全体に路地からの風が通り抜ける。

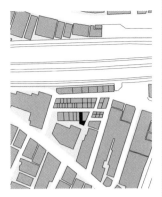

2019年12月

3 雑居ビル

ZAKKYO BUILDINGS

図 3-1　靖国通り沿いの
　　　　雑居ビル群
　　　　（2006年9月）

3 雑居ビル
ZAKKYO BUILDINGS

3.1　　誰も語らない、東京を象徴する建築

　　東京の最も印象的な都市景観の一つに、ネオンサインで飾り立てられた「雑居ビル」が密集している風景が挙げられる。華やかなネオンの看板で覆われた雑居ビルは、欧米人が東京に対して抱く象徴的な都市風景の一つであるが、雑居ビルの歴史や都市的文脈を知る人は少なく、またそれを表現する英語はない。

　　雑居ビルとは、主にオフィスと幅広い業種が混在するマルチテナント型ビルを指す 図3-1 。世界の多くの都市では、建物の商業用途は道路に面した1階部分に設けられているが、雑居ビルにおいては、すべての階が商業用途に使われている。レストラン、インターネットカフェ、診療所、クラブ、語学学校などが、ヒエラルキーや秩序もなく同じビルに入っている場合もある。

　　2001年9月1日に新宿・歌舞伎町の風俗街で44人の死者を出した火災以降、多くの建築の研究者や政策立案者は、雑居ビルを防災などに問題がある建物と見なすようになった。一方、主に欧米の研究者は、建築的・都市的な視点から雑居ビルを取り上げ始めている。竹山実が設計した「1番館」(1970年)は、ある都市研究者が「ゴールデン街の路地を垂直に立てたような建物」と形容したように、雑居ビルの代表例として注目されている[38]。この観点からすると、雑居ビルは垂直に伸びる街路のようなものだとも言える。これは、欧米諸国ではほとんど見られない配置形式だ。

　　東京に関する著作の多くは、それを賞賛するにせよ、批判するにせよ、ネオンで覆われた雑居ビルのファサードに注目する傾向がある[39]。欧米では、「庭や住宅で洗練された感性を発揮してきた日本人がなぜこのような雑然とした景観を受け入れるのか?」といった議論が尽きない。芦原義信は、この疑問に対して、日本人は一般的に外部空間への関心が低いために、「建物の外観とか、街並みの美しさということにこれほど無頓着」でいられるという文化的説明を加えているが[40]、これはあまりに単純化した主張である。日本の民族性を生来の心理的特徴に強引に結びつけようとする誤った見方であり、日本の歴史的・社会的な多様性を無視している。京都・金沢などの地方の都市景観には、外部空間に対する洗練された感性を示す事例が数多く見られる。したがってこの雑居ビルは、ある民族的傾向の結果としてではなく、法規制や経済性などが起因して生まれたものである。雑居ビルを理解するためには、民族学的調査ではなく、それらの空間構成、歴史的文脈、周辺環境との関係、

そして雑居ビル群が都市空間に与える影響を、総合的に検討する必要がある。

3.2 　　　雑居ビルとは？

　　雑居ビルは、オフィスやさまざまなビジネスが混在するマルチテナント型ビルを指す。何年あるいは何十年もかけて複数の土地を取得して合併する忍耐力と資金力のある企業が開発した大規模な百貨店や高層オフィスビルとは異なり、それらは「ペンシルビル」と呼ばれるように、一般的に狭い土地に建てられた細長い建物であることが多い。

　　雑居ビルは、地価は高いが多くの集客が見込める「コマーシャル・トーキョー」[012頁参照]の駅周辺の密集した商業地域に多く見られる 図3-2 。これらの地域では、土地の面積は小さいことが多い一方で、容積率が高く、可能な限り密集して建設しようという経済的インセンティブが働くため、建物は高層化する傾向がある。また、それらは「ポケット・トーキョー」[011頁参照]において近隣地域の境界を形成する中層ビルの中にも存在する。雑居ビルと同じような建物は東アジア全域に存在し、韓国では「グンセン(keunsaeng)」と呼ばれている[41]。

　　雑居ビルは、国や地域のさまざまな法規制が組み合わさって形成されたものだが、建築の法規では「雑居ビル」という言葉は使われていない。建築基準法の定期報告制度や都市計画法に基づく基礎調査の土地建物用途分類などで「複合用途」と呼ばれるものが、それに一番近い名称だ[42]。日本では、建物の高さや自然採光に

図 3-2 　　　東京23区の雑居ビル群
　　　　　　(1：375,000)

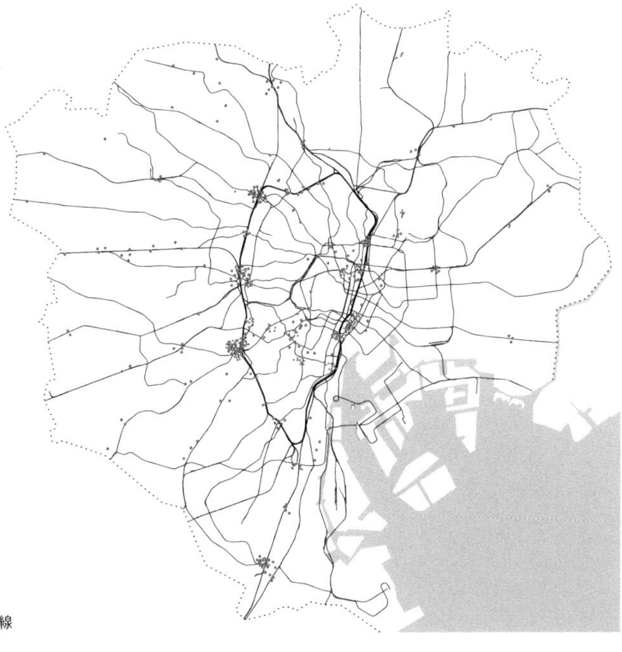

- ● 　雑居ビル群
- ───── 　JR山手線
- ·········· 　その他の鉄道路線

関する規制によって建物の最大容積が決められており、屋上構造物や屋上看板だけはそこから突き出してもいいことになっている 図3-3 。法規制に縛られた比較的狭い空間に雑居ビルが集まり始めると、細長いボリュームの側面に設置されたさまざまなネオンサインのリズミカルな反復という非常に印象的な視覚的効果が生み出される。

　　雑居ビルは、東京をはじめとする日本の一定規模以上の都市のほぼすべての商業地域に見られるが、定義やその分類の仕方も曖昧であることが多い。しかし、典型的な雑居ビルについていくつかの特徴を挙げることができる。

1　　　中心市街地に立地：雑居ビルは、商業地域に指定されている場所、特に駅前広場や幹線道路の近くに立地していることが多い。広い道路に面している土地は、建築基準法と用途地域によって、より高い容積率や建物の高さが許容されている。

2　　　一般の人々による利用：雑居ビルには、一般向けあるいは一部の人に開かれたさまざまな業種が入居しており、全体でかなりの数の客を集めている。地域によって、昼間に営業する診療所や語学学校などの業種から、夜間に営業する酒場、クラブ、風俗店などの人目につかない、親密な触れあいを売り物にした商売まで多岐にわたる[43]。このように細分化された建物には、カラオケボックスや漫画喫茶なども入居しているが、それらの内部空間はさらに小さな個室に仕切られ、自宅の一室のように使える空間として利用されている[44]。

図 3-3　　　商業地域における建築容積の制限

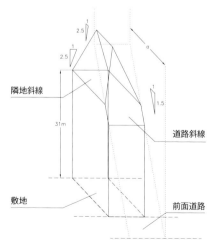

商業地域の斜線制限で認められている最大容積
（建ぺい率80%、容積率200〜1,000%の範囲内）。

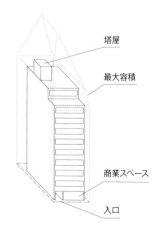

一般的なテナントビルは、斜線制限の中で最大限利用可能なスペースを確保するように設計されており、オフィスビルの典型的な構成となっている。

3　最大限利用できるオープンなテナント空間と最小限の内部動線：雑居ビルは最大限の賃貸収入を得るために、建築法規で定められた容積率を最大限利用している。テナントスペースは、間仕切りのない汎用性の高いオープンな空間で、自由にカスタマイズが可能である。そして屋内の階段、廊下、ロビーなどの面積は最小限に抑えられている。

4　膨大な数の広告：雑居ビルのファサードには、一般的に多数の広告が設置されている。大抵はそのビルに入居するテナントの広告だが、テナント以外の広告が含まれる場合もある。これらの広告は自治体の条例によって規制されているが、時には近隣住民の自治組織から法的な強制力のない要請を受けることもある 図3-4 。そして、それらの広告は、電車の中や駅のホームなど遠くからでも視認できる屋上看板、道行く人の目にとまる突き出し看板、来店者向けにビル正面に設置された電飾看板など、さまざまな場所にいる人々の目につくように設置されている[45]。

3.3　建物はどのようにして雑居ビルになるのか？

現在の雑居ビルは、最初から雑居ビルだったわけではない。多くの場合、それらは建築規制や都市条例に適合するように設計された一般的な建築であり、1階は商業施設、その他の階は賃料の安いオフィスビルとして使用されていた。しかし時が経つにつれ、さまざまな商業テナントが徐々に上層階に進出し、やがて雑居ビルに

図 3-4　商業地域に設置する屋外広告物に関する条例の概要

屋上広告物（A）
- 屋上広告物の最高高さ(h)は、建築物の高さ(H)の2／3以下で、地面から広告物の上端までは52m以下とすること。
- 屋上広告物は、高さ・斜線制限等の法規制により規定される建築可能な最大容積を超えて設置することができる(図3-3参照)。

建築物の壁面を利用する広告（BおよびC）
- 地上から広告塔の上端までの高さは52m以下とする。
- 地上階以上では、広告幕(B)は除いて、壁面広告物(C)で窓などの開口部を塞ぐことはできない。
- 広告物は、窓などを除く当該壁面面積の3／10以下とすること。
- 広告物の表示面積は100m²以下とすること。
- 建築物の1つの壁面に内容が同じ広告物を表示する場合、間隔を5m以上開けること。

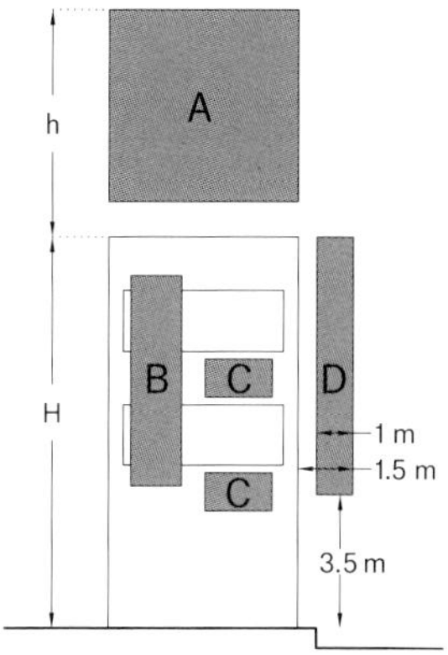

建築物から突出する広告物（D）
- 道路境界線からの出幅は1m以下で、当該建築物からの出幅は1.5m以下あること。広告物の下端は、歩道上では地上3.5m以上（道路境界線からの出幅が0.5m以下の場合は2.5m）とすること。

なっていった。オフィスビルだった建物の階段やエレベーターには商業テナントの看板が掲げられ、街路の延長のようになり、道路側のファサードもテナントの広告で埋め尽くされるようになった。このような自然発生的・段階的な浸食は、1960〜80年代の第1世代の雑居ビルによく見られた。

　この第1世代に続いて、最初から娯楽利用を目的とした第2世代の雑居ビルが建てられるようになった。設計者は、パノラマエレベーター(外壁に設置された、部分的に透明なガラスでつくられたもの)、より広く明確に区画されたエントランスロビー、広告や施設情報の整然とした表示などによって、動線を改善した。低層階の店舗は通りから見えやすいように配置され、ファサードや屋上の看板設置スペースも全体の設計に組み込まれた 図3-5 。

　有名な新宿の靖国通りの北側は、この数十年間の段階的な変化を如実に示している[46] 図3-6,7 。1960年代前半までは、ほとんどの建物は低層で個人経営の商店、食堂、事務所などで占められ、小さくわかりやすい看板が設置されていた。1970年代初頭には雑居ビルブームが起こり、最大で10階建となるビルが建てられ

図 3-5　雑居ビルの世代による構成の違い

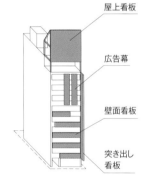

屋上看板
広告幕
壁面看板
突き出し看板

第1世代(1960〜80年代半ば):当初はオフィスとして使用されていた建物が、徐々に広告で覆われ、一般の人がアクセスできる商業施設に変化していく。

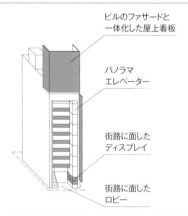

ビルのファサードと一体化した屋上看板
パノラマエレベーター
街路に面したディスプレイ
街路に面したロビー

第2世代(1980年代以降)。広告を組み込んだり、パノラマエレベーターを設置したりして、意識的に雑居ビルとしての魅力を高めたビル。

図 3-6　靖国通り北側の雑居ビル利用の変遷。「娯楽業」は、漫画喫茶、カラオケボックス、ゲームセンター、パチンコ、麻雀など。「飲食業」は、バー、居酒屋、カフェなど。「サービス業」は、クリニック、ヘアサロン、ネイルサロン、エステサロンなど。「事務所」は、銀行や貸金業などの一般客向けのオフィスも含まれる。

■ 娯楽業　■ サービス業　小売業
■ 飲食業　■ 事務所

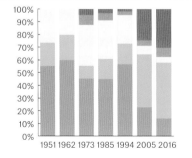

図 3-7　　靖国通り北側の建物用途の変遷を示す断面図

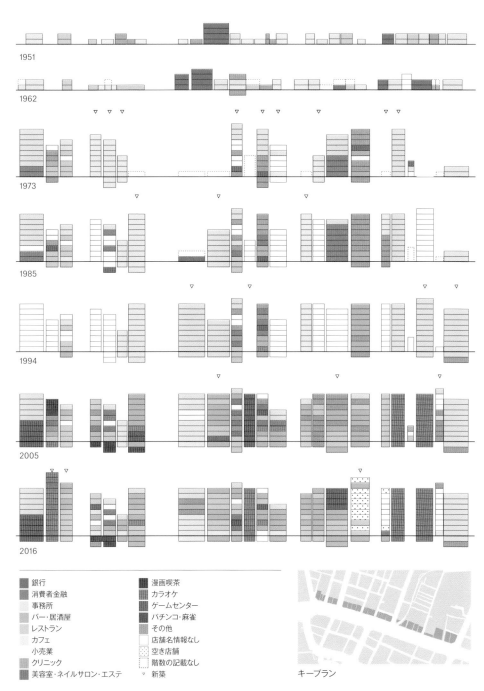

1951

1962

1973

1985

1994

2005

2016

■ 銀行	■ 漫画喫茶
■ 消費者金融	▦ カラオケ
事務所	▦ ゲームセンター
バー・居酒屋	▦ パチンコ・麻雀
レストラン	その他
カフェ	□ 店舗名情報なし
小売業	▨ 空き店舗
■ クリニック	⁝ 階数の記載なし
■ 美容室・ネイルサロン・エステ	▽ 新築

キープラン

067

た。雑居ビルに入居する店舗の業種は、最初は以前と同じようなものだったが、次第にサービス業や娯楽業が増えていった。やがて飲食店が主流となり、その後カラオケ、パチンコ、漫画喫茶などの娯楽業が増加し、2000年代に入ってからこの傾向はさらに加速した 図3-7 。現在、この通りの雑居ビルの半分は1970〜80年代前半に建てられた第1世代のもので、残りの半分は2000〜10年代に建て替えられたものだ。数十年ごとに定期的に建て替えるというリズムは、東京の商業地域ではよく見られる。現存する第1世代の雑居ビルでは、半世紀以上の歴史の中で、オフィス、飲食店、パチンコ店、診療所など、実に幅広い商売が行われてきた。

このような用途の多様性は、都市の風景の可変性を高める。現在、東京では莫大な投資を必要とする大規模な再開発が行われているが、利益を最大化するような用途は限られている。次の開発に取って代わられるまでの数年間は話題になるが、その画一的で殺風景な佇まいは、周囲の街並みから浮いて暗い影を落とすことも多い。成長しながら、時代とともに機能を変え、自らを再構成する力を持つ雑居ビルは、都市の自己再生を促進する強力なインフラになる。雑居ビルが集まると、それらの相乗効果が都市の活力となって景観にも現われるのだ。東京の各地で、土地所有者やデベロッパーは新しい雑居ビルを建設し、さまざまなやり方で都市構造に組み込んでいる。

これらの雑居ビル群は、本章で紹介する、新宿の派手な靖国通り 図3-8, 9 から、もっとこぢんまりとした神楽坂通り 図3-10,11 、新橋の烏森地区の重層的な都市景観 図3-12,13 まで、実にさまざまな形態がある。

3.4 新宿・靖国通り──多様な業種が集積した歓楽街

Case 04

東京の雑居ビル群の最も代表的な事例は、新宿駅からほど近い靖国通り

図 3-8 　靖国通りの雑居ビル群
（2007年2月）

図 3-9 靖国通り北側の雑居ビルの変遷(1:5,000)

0　　　　60m

1933

新宿駅は、すでに山手線と東京西部の郊外へ伸びる新しい鉄道をつなぐ交通の要所となっていた。しかし、駅周辺は昔のままで、住宅地が広がっている。

出典：火災保険特殊地図
(都市整図社, 1933)

1951

戦後復興の一環として、靖国通りは拡幅され、戦災で破壊された住宅地は土地区画整理事業によって歌舞伎町に生まれ変わった。靖国通り沿いには3階建のビルが次々と建てられた。

出典：火災保険特殊地図
(都市整図社, 1951)

1962

日本は高度経済成長期に突入。新宿駅周辺では、大規模な商業施設を建設するために、不動産業者による土地の合併が始まった。

出典：東京都全住宅案内図帳
(住宅協会, 1962)

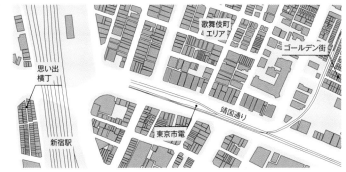

2016

通り沿いの建物のほとんどが雑居ビルになっている。土地の合併や建物の大型化の傾向は続いているが、この通りの敷地は、歌舞伎町と同様に、小さなサイズのままである。

出典：基盤地図情報(国土地理院, 2016)

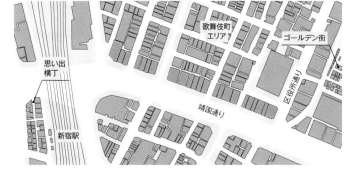

沿いにある。幅42mの靖国通りに立ち並ぶ雑居ビルは、間口が狭く、奥行きのある敷地に立ち、建物は可能な限り通りに向かって開かれ、通りから建物内にスムーズに入れるように工夫されている。エントランス、階段、エレベーターはすべて通りに直結しており、1階は歩道と一続きになっている。雑居ビルには、ホワイエや受付などはない 図3-14,15 。

　　西はJR山手線の線路、東は区役所通りに挟まれた靖国通りの北側に位置する長さ260mの1区間は、ガイドブックやドキュメンタリー、映画などに度々登場する、東京を象徴する都市景観の一つとなっている。東京を舞台にした海外の映画、たとえば『ロスト・イン・トランスレーション』(2003年)、『キル・ビル』(2003年)、『ウルヴァリン：SAMURAI』(2013年)などでは、必ずと言っていいほど、主人公がこの通りを移動するシーンが描かれている。この通りは、パリのエッフェル塔、ロンドンのビッグベン、ニューヨークのエンパイアステートビルなどと同じように、その都市を象徴するモニュメントとなっている。しかし、他の都市のシンボルとは異なり、靖国通りのこの区間は都市のシンボルとしてつくられたものではなく、意図せず生まれた創発的なモニュメントである。しかしそれは、東京スカイツリーのように意図的に生み出されたモニュメントを凌駕する力を持つ。

　　靖国通りのこの区間は、東京のいわゆる風俗街の一つ、歌舞伎町の南側に位置している。東京の風俗街は、江戸時代に遊郭が設置されて以降、数百年の歴史があるが、歌舞伎町が風俗街になったのは比較的最近のことだ。戦前は住宅地だったが、新宿の他の地域と同様に、第二次世界大戦の空襲で壊滅的な被害を受け、伊勢丹や三越などの百貨店を含む一部の鉄筋コンクリート造の建物だけが残された。

　　戦後、1946年に特別都市計画法が制定されると、政府は迅速に都市の再構築と復興に乗り出した。当時の土地区画整理事業は、不整形な区画や道路パターンを持つ地区を整理する方法として用いられ、必要な公共施設やインフラを持たない地域や農地を改善する目的で行われた。土地区画整理事業では、複数の土地所有者が所有権を共有し、公共施設(道路、公園など)の建設のために合算した所有地の一部を行政に提供するとともに、最後にそのうちの一部を売却して、計画や建設の費用に充てることもできる。区画整理を完了した区画は、一般的に土地所有者の各敷地の面積は従前に比べ小さくなるが市場価値は上がる。そのため、行政にとって、土地所有者から事業への協力を得やすくなり、多額の資金を投入せずに公共インフラを整備できる手法となっている。靖国通りと明治通りの拡幅に伴い、その周辺ではいくつかの土地区画整理が行われた。歌舞伎町の土地区画整理は、新宿の他の地域のように行政主導ではなく、実業家の鈴木喜兵衛の主導によるものだった。彼はこの地域を歌舞伎専用劇場を中心とした歓楽街にする計画を立てて

いた。結局、劇場は建設されなかったが、その名前は残った。

　それから数十年が経ち、新宿の区画は合併されて大きな建物が立つようになったが、歌舞伎町の建物の面積は比較的小さなままだった。特に靖国通りの北側は、この60年間で建築面積はほとんど変化しなかったものの、低層の店舗やオフィスが立ち並ぶ街から高層の歓楽街へと、目覚ましい変化を遂げた。高度経済成長期(1955〜77年)には、建物の高さが増すにつれて、オフィスや店舗は富裕層をターゲットにした娯楽業に取って代わられた。

　この地域は見苦しく混沌としていると言われることが多いが、ここにある雑居ビルには建築的な統一感が強く感じられる。これはトップダウンで計画されたものではない。日本では、それぞれ独立した建物に都市条例や建築規制が適用されるが、欧米の都市に見られるように、建物の設計者や所有者に対して、建物を都市全体の構成要素の一つとして扱い、建築の配置、色調、窓の大きさなどを統一するように求める規則はほとんどない。それでも、敷地面積や立地など、同じような条件のもとで複数の雑居ビルが建てられた場合、それらは自然とまとまりのある風景を形成するようになる 図3-16,17 。

3.5 神楽坂通り──規制緩和と闘う江戸情緒漂う商店街

Case 05

　新宿区にある飲食店街・神楽坂の中央には、神楽坂通りという坂道が通っている。それは幅10〜12m程度の親しみやすい雰囲気の商店街で、青々と生い茂るケヤキの木や雑居ビルが立ち並ぶ特徴的な風景を形成している。神楽坂通り沿いの雑居ビルは、通りから直接入れるようになっており、セミプライベートな空間とパブリックな空間が出会う「活気あるエッジ」[47]を形成している 図3-18,19 。用途としては飲食店が多いが、店舗やオフィスもある。幅42mの靖国通りとは異なり、神楽坂通りには遠くから看板を眺められるようなスペースはないため、看板は小さく、歩行者に近い位置に設けられていることが多い 図3-20,21 。

　神楽坂通りに見られる特徴は、江戸時代に起源を持つ。旧江戸城(現在の皇居)周辺の他の土地と同じように、神楽坂一帯の土地は有力な大名家が所有していた。しかし、江戸時代末期になると、通り沿いの区画は身分の低い武士に屋敷用地として与えられ、間口4間(約7.2m)の土地に分割された。現在でも、神楽坂通り沿いの建物の間口は7.2m以下のものが多く、街並みに一定のリズムを与えている。

　かつて神楽坂は花街だった[48]。第二次世界大戦の空襲によってこの地域は焦土と化したが、戦後まもなく花街は復活した。しかし、1948年に風俗営業等の規制及び業務の適正化等に関する法律が制定されると、神楽坂の置屋の営業はほとんど禁止された。多くの待合は、その独特な特徴を残しつつ飲食店に改装され

図 3-10　神楽坂通りの雑居ビル群
（2021年3月）

た。その結果、多くの料亭が誕生し、それらは現在でも神楽坂の北側に残っている。地元の人たちはこの花街らしい特徴を誇りにしており、美しく保存された神楽坂の路地には、東京を代表する日本料理店がひっそりと佇んでいる。

　　メインストリートである神楽坂通りは、1960年代以降に変化し始めた。新しく頑丈な建物はどんどん高さを増し、規制で認められている6～7階建にまで達した。この高層化はバブル期に加速したが、神楽坂通り沿いの敷地面積はほとんど変わらなかった。

　　時が経つにつれ、変化はより劇的なものになっていった。1980年代以降の規制緩和によって、大規模再開発が行われるようになり、2002年に都市再生特別措置法が鳴り物入りで公布されると、この流れはピークに達した。バブル崩壊後、地価の下落によって、再び都心部で住宅開発が可能になった。建設および不動産開発関係者はロビー活動を行い、1987年に建築基準法が改正され、建物の後退距離に応じて道路斜線制限が緩和された。こうして1990年代には神楽坂をはじめとする低中層市街地に超高層タワーマンションが建設できるようになり、これを機に都心部で住宅建設ラッシュが始まった[49]。

　　神楽坂の住民は、最初は規制緩和のことを認識しておらず、自分たちの住む街でタワーマンションは法的に建設できないだろうと思い込んでいた。しかし、1995年にこの地域の建物の高さやファサードの連続性を無視した14階建の新しいマンションが建てられた。そして2000年には、神楽坂通りの裏手に31階建のマンションが建設されることを知らされ、住民は大きな衝撃を受けた。それは周囲の建物よりも極端に高く大きい建物であり、このタワーを建てるために近所の人々が愛する路地の一つをなくすことも提案されていたからだ。そこで住民たちはタワーマンション建設反対グループを結成した。最終的に、彼らは31階建で計画されていたタワーマンション1棟を26階建に減らすことができただけだったが、これを機に、昔からある商店会

図 3-11　神楽坂通りの雑居ビルの変遷（1:5,000）　　　0　　　　60m

1937

神楽坂は、すでに花街として知られ、人口密度の高いエリアになっていた。路地裏には数多くの待合や高級料亭が軒を連ねている。

出典：火災保険特殊地図
（都市整図社、1937）

1952

東京大空襲によって建物の数が減り、分散している。神楽坂通りでは、商業ビルのほとんどが2階建である。

出典：火災保険特殊地図
（都市整図社、1952）

1982

神楽坂通りの建物は縦に伸びているが、区画の幅は変わらない。木造住宅がコンクリート造の建物に建て替わっている。1984年、新宿区は歩道を拡張し、名物のケヤキを植えた。

出典：住宅地図（ゼンリン、1982）

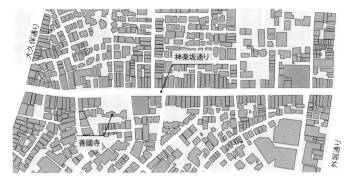

2017

神楽坂アインスタワーやPORTA神楽坂などの大規模なビルが建設されたことで、住民は、神楽坂の既存の都市スケールを維持し、街の活力を損なうような建物の後退を避けるために、新しい地区計画を求めた。

出典：住宅地図（ゼンリン、2017）

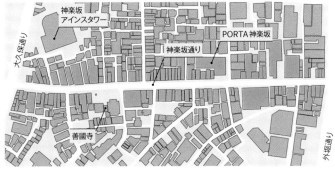

と町会をはじめとするいくつかの団体が団結し、住民は開発に抵抗する、より積極的で機動力のある勢力となった[50]。

　他の多くの地区と同様に、これらの近隣住民の取り組みは、まず高さ制限などについて合意する土地所有者同士で協定を結ぶことからスタートした。しかし、まもなく住民は、法的な強制力が弱い協定では、デベロッパーの計画を阻止することはできないと悟った。公的な場での一致団結した地元の反対運動も意に介さず、不動産会社は当然のように計画を推し進めていったからだ。

　近隣住民の反対をよそに、いくつかの大規模な新築工事が進められたが、その後、2007年と2011年に法的効力のある二つの地区計画が承認された。それらの地区計画の対象範囲は、神楽坂通りの外堀通りから大久保通りまでの区間とその周辺地域の大部分を網羅している。このような地区計画を実現するには、膨大な数の（実際には100%近くの）地権者の合意が必要だ。東京では、住民が活動的で一致団結したごく少数の地域だけが、そうして行政の承認を得ることに成功している。

　神楽坂の地区計画では、1990年代の規制緩和以前に存在した規制の枠組みを復活させ、超高層建築を建設可能にした変更を排除した。この地区計画は、神楽坂の路地を保護するだけでなく、神楽坂通りの建物高さを31m（10階建程度）に制限している。建物を後退させることで、建物高さの制限が緩和されるという選択肢を排除することにより、通りの既存のスケールとの連続性を維持する建物を建てるよう促している。つまり、これらの地区計画は、1960〜80年代に雑居ビルを生み出した規制を再現したのだ。

　「東京はダイナミックに変化し続ける都市だ」というステレオタイプな見方は、大規模再開発を正当化するためにしばしば使われる。しかし神楽坂の事例は、そのようなダイナミズムは、間違った条件の下ではコミュニティや都市構造を破壊する危険性があることを示している。神楽坂の住民たちが反対しているような大規模な企業主導の再開発は、街を過度な管理下に置くことで、街から活気・適応力・多様性・創造性・ダイナミズムを奪い、都市をフリーズさせてしまう。

3.6　新橋・烏森地区——駅前広場の喧騒を逃れた裏路地の小さな賑わい

　新橋駅は、主要なビジネス街に囲まれた交通の要所だ。新橋は東京の代表的な盛り場の一つであり、近隣で働く会社員が仕事帰りに集まってくる。メディアではしばしば「サラリーマンの聖地」として紹介されるが、現在の新橋はもっと多様な人々で賑わっている。

　駅前には、東京で最も活気のある広場の一つがある。広場の真ん中に置かれた「SL」と呼ばれる蒸気機関車は、新橋が日本の鉄道の発祥地であることを、街

ゆく人々に伝えている。この「SL広場」は待ち合わせ場所として人気だが、日本の公共空間ではベンチの設置を禁止する暗黙のルールがあるため、ここには座る場所がない。それでも待ち合わせや立ち話をしていたり、往来する人々であふれている。SL広場の盛況は、たとえベンチやその他の滞留を促す設備がなくても、立地条件が良い広場は人々に利用されることを示している。

　　この SL 広場は無数の雑居ビルに取り囲まれており、SL 広場とその背後にある雑居ビル群を含めた新橋駅西口のエリア全体が、迫力のある歓楽街を形成している。夜になると、隣接する山手線の高架から望む広場やネオンが輝くビル群は実に印象的だ。特に烏森神社周辺の街区は興味深い。この街区の面積はおよそ95×95mで、低層の建物を取り囲む外周部の雑居ビルと網目状に走る路地で構成されている 図3-22, 23 。

　　新橋の空間構成はこの地域の歴史をベースにしながら、数十年かけて蓄積されてきた。旧江戸城周辺の他の場所と同様に、この地域には有力な大名の土地や屋敷があったが、明治維新後に分割され売却された。1909年には、新橋駅の前身である烏森駅が完成した。この新しい駅ができたことで付近の花街へのアクセスが容易になり、駅前の土地開発が進んだ[51]。第二次世界大戦が激化すると、強制的に集団疎開が実施され、空襲で焼かれた土地は空き地となった。終戦から数日後、続々と押し寄せてきた露天商によって、そうした空き地に戦後初の東京の闇市の一つが形成された。1946年、闇市の露店は「新生マーケット」と呼ばれる木造のバラックに再編成された。新生マーケットは、現在のSL広場とニュー新橋ビル（横丁のような雰囲気を持つ地元のランドマークで、複数階に何百もの小さな店舗や飲食店が入居する）の敷地の大部分を占めていた。新生マーケットには298店舗が集積し、そのほとんどは飲食店だった。飲食業が戦後に新橋へやってきた人々にとって比較的簡単に開業できる商売だったからだ[52]。また、神楽坂と同様に、1948年に制定された風俗営業等の規制及び業務の適正化等に関する法律によって、待合やその他の芸者関連の店は閉店するか飲食店に鞍替えすることを余儀なくされた[53]。

　　1961年、東京都は駅前広場を拡張し、その両側に新しいビルを建てた。これは、1961年に制定された公共施設の整備に関連する市街地の改造に関する法律[54]と、1964年の東京オリンピックのために新幹線を開通させるという建設需要の両方に応えるものだった。西側の新生マーケットの跡地には、地下4階・地上11階建の商業・オフィスビル「ニュー新橋ビル」が1971年に完成し、取り壊された新生マーケットの露店は、これらの新しいビルの地階に移転させられた[55]。

　　烏森地区は、これらの再開発地域の陰にひっそりと存在する。外周部に沿って立つ雑居ビルの陰に、2階建の建物が並ぶ3本の路地と、神社へ続く参道が隠れ

図 3-12　新橋・烏森地区の
雑居ビル群（2021年3月）

ている。たくさんの入口、看板、窓、階段などが設けられた路地や外周部の通りは活気に満ち、飲食店や娯楽業の店が歩行者を誘う 図3-24~26 。外周部の雑居ビルには巨大な看板が設置され、路地沿いの居酒屋には提灯や小さな看板が設けられるなど、建物のファサードにはさまざまなスケールの看板が見られる 図3-27, 28 。江戸時代からある路地、神社、そして夜の街の親しみやすい雰囲気などすべてのものが、地震、空襲、再開発などを乗り越えて守られてきた。ある意味で、烏森地区は現代の花街になったとも言えるだろう。

　　　自然発生的に形成された烏森地区、そしてトップダウンで計画されたニュー新橋ビルという二つの隣接する街区を、戦後の日本に生まれた異なる都市モデルの例として比較してみる価値はあるだろう。戦後の飲み屋街と周辺の公共空間を再編成するために、東京都主導で建設されたニュー新橋ビルは、低層部の窓のないショッピングセンターの上にモダニズムのオフィスビルが載るという、当時流行の建築様式を踏襲していた。ニュー新橋ビルには、最近の再開発で見られるようなフランチャイズ店ではなく、サラリーマンに人気の個人経営のニッチな店が入居する。しかし、ニュー新橋ビルは老朽化が進み、大地震に対する耐震補強は十分でなく、震度6強～7の地震で倒壊する可能性が高い。このビルの多くの店はまだ繁盛しているが、上階には怪しげなマッサージ店が進出してきており、衰退の兆しが見える。

　　　他の山手線の駅と同様に、新橋の人気を復活させ、建物を改修するための解決策として、再開発計画が提案されている。しかし、ニュー新橋ビルは1棟の建物を区分して所有する「区分所有ビル」であるため、再開発の合意形成に至るには長い年月が必要だ。近年ようやく土地所有者組合が設立され[56]、数年のうちに再開発が開始される可能性もある[57]。建替計画の詳細はまだ公表されていないが、ニュー新橋ビルとSL広場を含む隣接する土地の大部分が一つの敷地に統合され、30階建のタワーが2棟建設される予定だ[58]。東京で最も成功した象徴的な広場

図 3-13　新橋・烏森地区の変遷（1:5,000）　　　　　　　　0　　　60m

1932　新橋駅の西側は有名な花街だった。烏森神社は現在と同じように、建物に囲まれ、参道が道路網と一体化している都市のコンテクストに存在していた。

出典：火災保険特殊地図（都市整図社, 1932）

1957　駅前には、戦後、闇市の商人の移転のためにつくられた新生マーケットとSL広場が出現した。烏森神社周辺には、芸者の待合が禁止された後、料亭が登場する。

出典：東京都全住宅案内図帳（住宅協会, 1957）

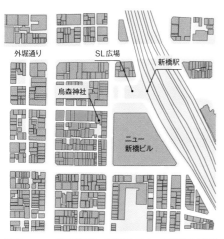

1973　駅の周辺は、広範囲にわたって再開発が行われている。1971年にニュー新橋ビルが完成し、SL広場も拡張された。烏森地区の周辺は中層のビルが多いが、土地の大きさはほとんど変わらない。

出典：住宅地図（ゼンリン, 1973）

2017　烏森地区の周囲には、最大許容高さである8階建の雑居ビルが環状に連なり、堅固な境界線を形成している。これらの建物のいくつかは、小さな区画が統合された土地に立っており、この環状の境界線の背後には小さなスケールの路地が残っている。

出典：住宅地図（ゼンリン, 2017）

が、少なくともオープンスペースとして残されることを願うばかりだ。

　一方、烏森地区では、土地の合併を避けて小さな規模を維持することによって、この地区の土地所有者は比較的少ない資本投資で、自分たちの雑居ビルを最新の耐震基準に合わせて改修・更新することができる。烏森地区は、再開発によって周囲に高層商業ビルが急増しているにもかかわらず、多くの雑居ビルのおかげで通りの賑わいは維持されている。烏森神社や古い路地など、江戸時代の面影も残されている。烏森地区は、ヒューマンスケールの生活や自発的な街のアップデートを犠牲にするような破壊的な再開発に頼ることなく、既存の街並みの上に何層ものレイヤーを重ねていくことで進化し続けるという、都市の新しい選択肢を示すケーススタディとなっている。

3.7　雑居ビルから学ぶこと

　以上の三つの事例は、ほぼすべての雑居ビル群に共通する一連の「創発的」な特徴を明示している。横丁や路地などの街路空間が水平方向の創発的なエコシステムだとすれば、雑居ビルはその概念を垂直方向に置き換え、街路空間の相乗効果を垂直方向で展開することに成功している。

3.7.1　複層化された公共空間の構築

　複層化された都市の公共空間をつくることは、近代の建築家の間で繰り返されてきたビジョンだ。しかし、公共空間を異なる階層に分割することは、高架下の通路のような使われない余剰空間が生じてしまうことが多い。雑居ビル群においては、都市のデッドスペースはつくらないで、無数の細長い建物が大勢の人の流れを垂直空間にスムーズに吸収している。

3.7.2　通りと接続し活気あるエッジをつくる

　雑居ビルはそれぞれ独立しており、地上レベルより上の階には水平方向のつながりはない。間口が狭く奥行きがある形状のため、通りに面して階段やエレベーターが設置されている。ビルに入居しているテナント（通常は1フロアに一つだが、1フロアに複数という場合もある）は、エレベーターや階段ですぐにアクセスでき、ホールやロビーを介さずに通りと直接つながっている。動線は基本的に外部にあり、雑居ビルが密集する通り沿いに、無数の入口、階段、エレベーターロビーが設けられている。雑居ビルは、最下階から最上階まで一般の人々が利用できるよう最大限活用されており、多様な人々が多様な目的で訪れるきっかけを提供することで、ビルが面している街路の歩行者密度を上げ、都市の「活気あるエッジ」を形成している。

3.7.3　新陳代謝するファサードが地域固有のアイコンとなる

　雑居ビルは、比較的緩い容積や形状に関する建築規則や屋外広告に関す

る規制に従っている。しかしそれらが集積して雑居ビル群を形成すると、特に夜には目を見張るような独特な都市景観を生み出す。この都市景観は、日本の都市を象徴するイメージになっているだけでなく、香港をはじめとするアジアの都市にも影響を与え、同じような建築を生み出すきっかけとなった。雑居ビル内のテナントは頻繁に入れ替わるが、それらの水平バージョンとも言える横丁と同じように、全体のイメージは何年経っても変わらない。歴史的な都市において、特定の建築技術や材料が全体の景観に統一感を生み出すように、雑居ビル群は、現代のヴァナキュラー建築の特徴的な形態の一つと言える。

　　　雑居ビルのファサード全体が看板やサインで覆われている靖国通りでは、ファサードは情報ディスプレイの役割を果たしている。ずらりと並んだ看板が立体的な情報環境を形成し、そこでは新製品、セール、キャンペーン、新規オープンの店などの情報が一斉に表示される。都市計画家にとって、ファサードを規制することは常に難しい課題となっている。なぜなら、既存の都市の特徴を維持しつつ、地域のダイナミズムを促進するという、難しいバランスをとる必要があるからだ。人々に愛される建築遺産がある都市では、古い建物のファサードをそのまま維持すれば、内部をほぼ全面的に取り壊して改修することができる制度があることが多い。ニューヨークのタイムズスクエアのように、外部の看板が条例によって保護されたり観光名所に指定されることもある。それとは対照的に、雑居ビルのファサードは、事業者の入れ替わりとともに常に変化しているが、全体的な特徴は維持されているため、個々のサインや看板が変わったとしても、ここは靖国通りだと認識できるのだ。

3.7.4　小さな集積の経済が都市の多様性を育む

　　　雑居ビルでは、多様だが相互に関連性も高いビジネスが集まることで「集積の経済」が生まれ、小規模なビジネスの間で望ましいとされる「協調的競争」が促進される。横丁と同じように、雑居ビルに入居する同業の店同士は、互いに顧客の奪いあいをしているが、同時にビル全体として多くの顧客が集まる場の雰囲気を生み出すことができるというメリットもある。その結果、雑居ビルは、比較的小さなビジネスのために都心の一等地という最適なロケーションを提供している。東京の最も地価が高いエリアはフランチャイズやチェーン店に占められているが、都心に近い雑居ビルには個人経営や中小企業が多数入居し、わずかな資金で起業を目指す人たちが都市部の顧客マーケットを開拓できる。横丁が水平方向に可能性を広げているのと同様に、雑居ビルは垂直方向にその可能性を広げている。雑居ビルは、小さなエレベーターを介して小さな事業主と彼らの提供する独自の商品やサービスを求める顧客をつなぎ、都市の多様性を育んでいる。

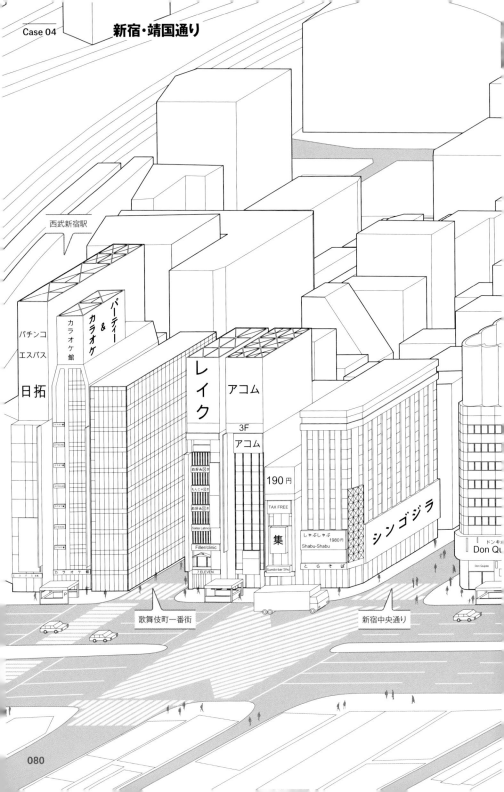

西武新宿駅

パチンコ
エスパス

日拓

カラオケ館

パーティー
&
カラオケ

レイク

アコム

3F
アコム

190円

TAX FREE

集

しゃぶしゃぶ
1980円
Shabu-Shabu

Sumibi-bar Shu

とらそば

シンゴジラ

お好み
き

もんじゃ

お好み
き

Salsa Latino's

Filler/clinic

7 ELEVEN

カラオケ館

P

ドンキ
Don Qu

Don Quipote

歌舞伎町一番街

新宿中央通り

図 3-14　靖国通り沿いの雑居ビルの全体図（1：700）

0　　5　　10m

PROMISE

プロミス

うっとり

270円

きゃりこ

レイク

ZOO

カラオケパセラ

カラオケパセラー

最大300名⊠パーティー

PASELA RESORT

お

's Coffee

東海苑

HB　HB

海⊠

Family Mart

UP

4F

歌舞伎町さくら通り

靖国通り

図 3-15 　靖国通り沿いの雑居ビルの詳細図（1：300）

屋上看板は、
高さ・斜線制限等の
法規制により規定される
建築可能範囲を超えて
設置することができる

階段やエレベーターが
直接歩道に面している

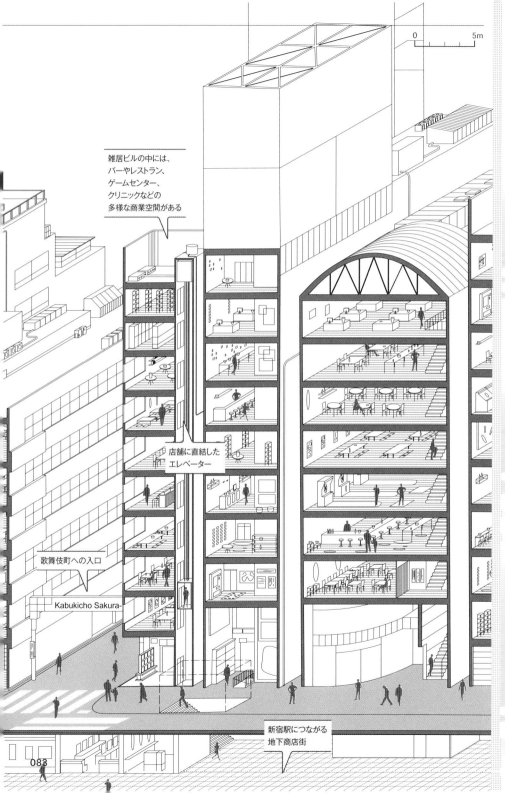

雑居ビルの中には、
バーやレストラン、
ゲームセンター、
クリニックなどの
多様な商業空間がある

0　　　　　　5m

店舗に直結した
エレベーター

歌舞伎町への入口

Kabukicho Sakura-

新宿駅につながる
地下商店街

図 3-16　靖国通り北側の雑居ビルの分析（1:1,500）（2016年）

建物用途の断面図

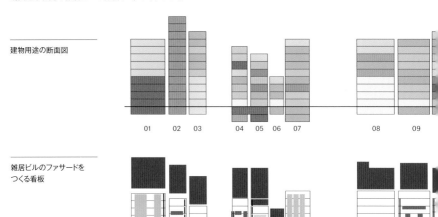

　　　01　　02　03　　　04　05　06　07　　　　　08　　　09

雑居ビルのファサードを
つくる看板

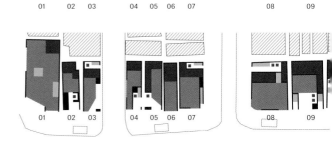

　　　01　　02　03　　　04　05　06　07　　　　　08　　　09

外部から直接アクセス可能な
1階エリアの平面図

　　　01　02　03　　　04　05　06　07　　　　08　　　09

図 3-17　靖国通り北側の雑居ビルのファサード（2020年8月）

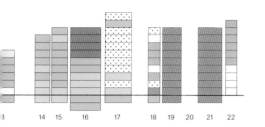

		銀行
		消費者金融
		事務所
		バー・居酒屋
		レストラン
		カフェ
		小売業
		クリニック
		美容室・ネイルサロン・エステ
		漫画喫茶
		カラオケ
		ゲームセンター
		パチンコ・麻雀
		その他
		店舗名情報なし
		空き店舗

3　14　15　16　17　18　19　20　21　22

	屋上看板
	突き出し看板

雑居ビルのファサードをつくる看板

	壁面広告
	広告幕
	窓に貼られたステッカー

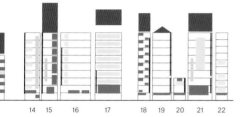

3　14　15　16　17　18　19　20　21　22

	エレベーター
	階段

	誰でもアクセスできる1階のエリア
	関係者以外はアクセスできないエリア
	分析対象外の建物

0　　　　　　25m

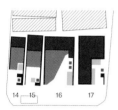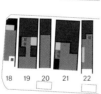

14　15　16　17　18　19　20　21　22

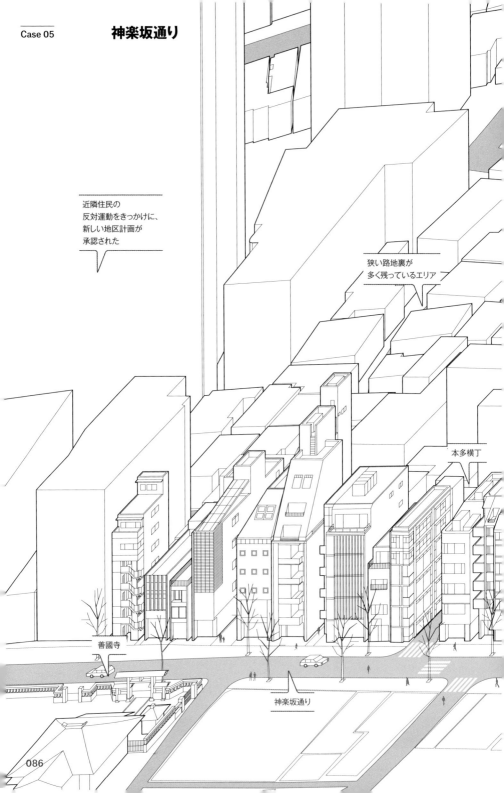

神楽坂通り

近隣住民の
反対運動をきっかけに、
新しい地区計画が
承認された

狭い路地裏が
多く残っているエリア

本多横丁

善國寺

神楽坂通り

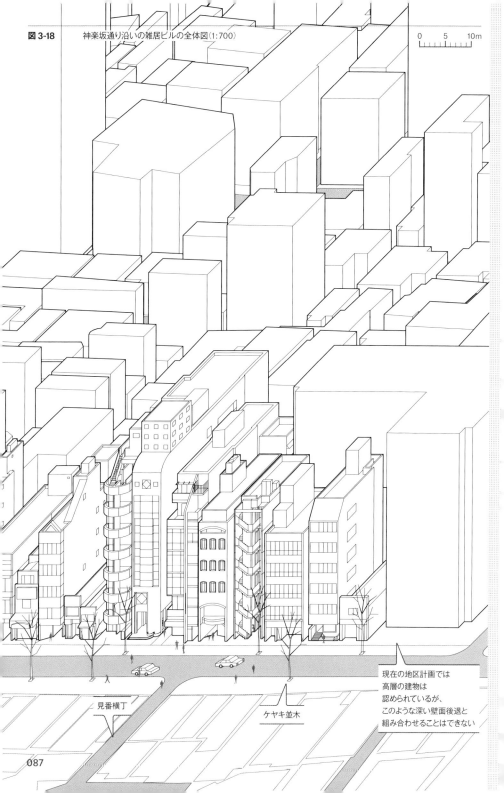

図 3-18　神楽坂通り沿いの雑居ビルの全体図(1:700)

0　　5　　10m

現在の地区計画では
高層の建物は
認められているが、
このような深い壁面後退と
組み合わせることはできない

見番横丁

ケヤキ並木

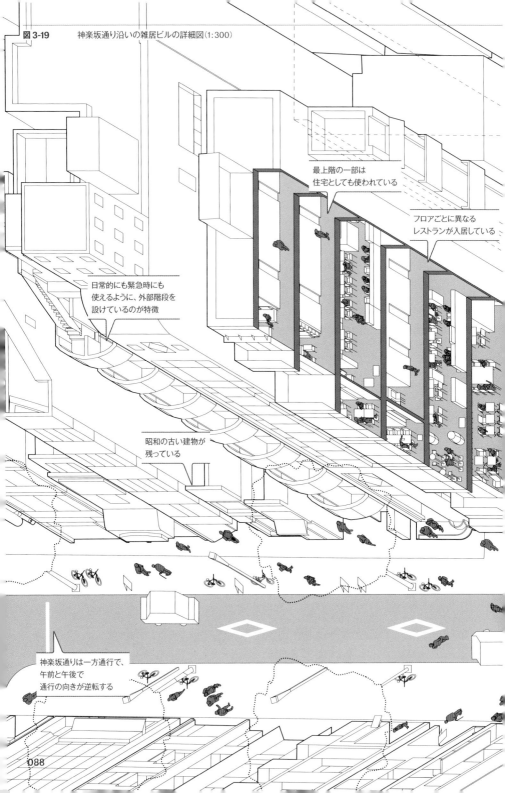

図 3-19　神楽坂通り沿いの雑居ビルの詳細図（1：300）

最上階の一部は
住宅としても使われている

フロアごとに異なる
レストランが入居している

日常的にも緊急時にも
使えるように、外部階段を
設けているのが特徴

昭和の古い建物が
残っている

神楽坂通りは一方通行で、
午前と午後で
通行の向きが逆転する

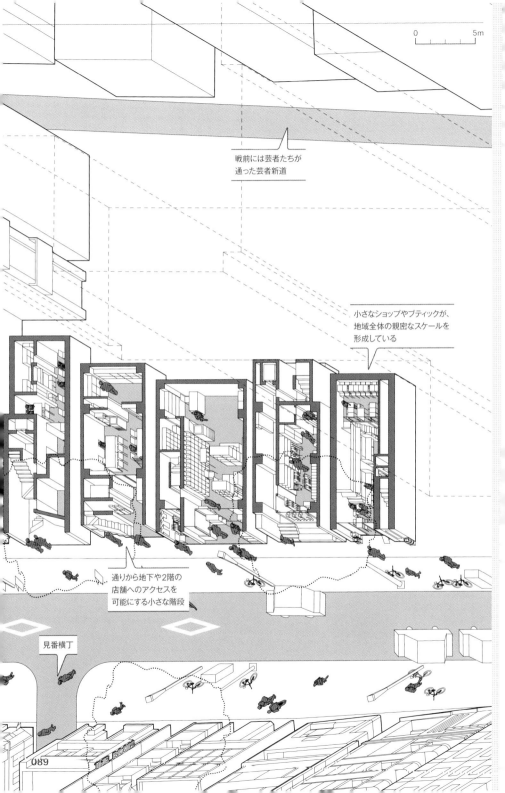

戦前には芸者たちが
通った芸者新道

小さなショップやブティックが、
地域全体の親密なスケールを
形成している

通りから地下や2階の
店舗へのアクセスを
可能にする小さな階段

見番横丁

THE ROOM

図 3-20 　神楽坂通り沿いの雑居ビルの分析（1：1,500）（2020年）

建物用途の断面図

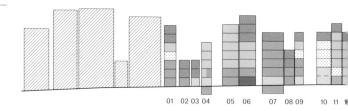

01　02 03 04　　05　　06　　　07　　08 09　　　10　　11

雑居ビルのファサードを
つくる看板

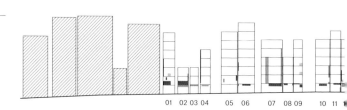

01　02 03 04　　05　　06　　　07　　08 09　　　10　　11

外部から直接アクセス可能な
1階エリアの平面図

01　02 03 04　　05　　06　　　07　　08 09　　　10　　11

図 3-21 　神楽坂通り沿いの雑居ビルのファサード（2020年）

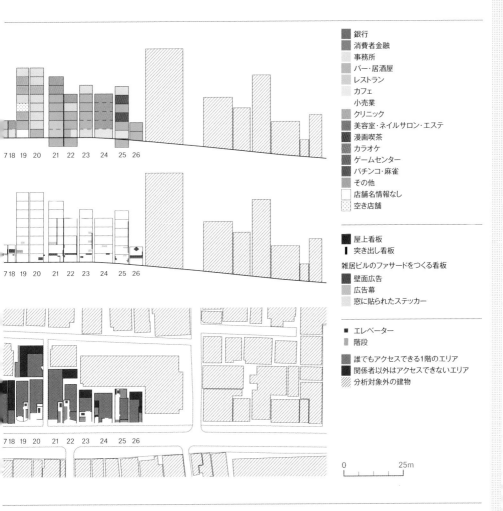

▉	銀行
▉	消費者金融
	事務所
	バー・居酒屋
	レストラン
	カフェ
	小売業
▉	クリニック
	美容室・ネイルサロン・エステ
▉	漫画喫茶
	カラオケ
	ゲームセンター
	パチンコ・麻雀
	その他
□	店舗名情報なし
▦	空き店舗

▉	屋上看板
▮	突き出し看板

雑居ビルのファサードをつくる看板

▉	壁面広告
	広告幕
	窓に貼られたステッカー

■	エレベーター
▊	階段

▉	誰でもアクセスできる1階のエリア
▉	関係者以外はアクセスできないエリア
▨	分析対象外の建物

0   25m

新橋・烏森地区

新橋赤レンガ通り

新橋仲通り

新橋仲通り

烏森通り

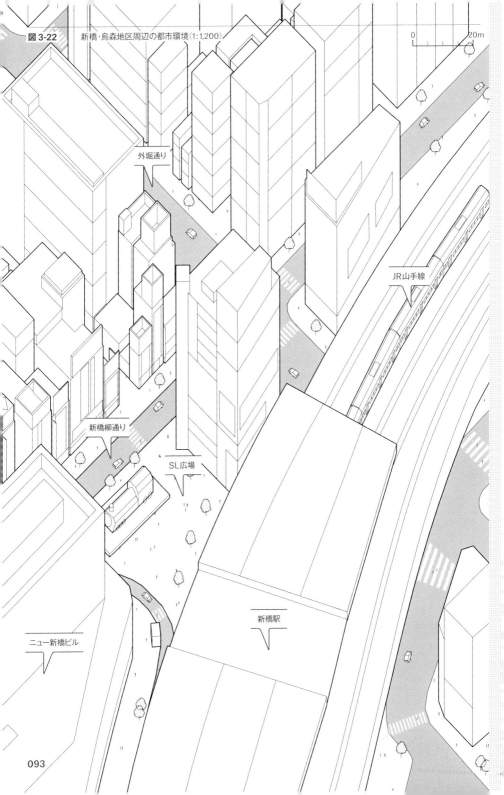

図 3-22　新橋・烏森地区周辺の都市環境（1:1,200）

0　　　　　20m

外堀通り

JR山手線

新橋柳通り

SL広場

新橋駅

ニュー新橋ビル

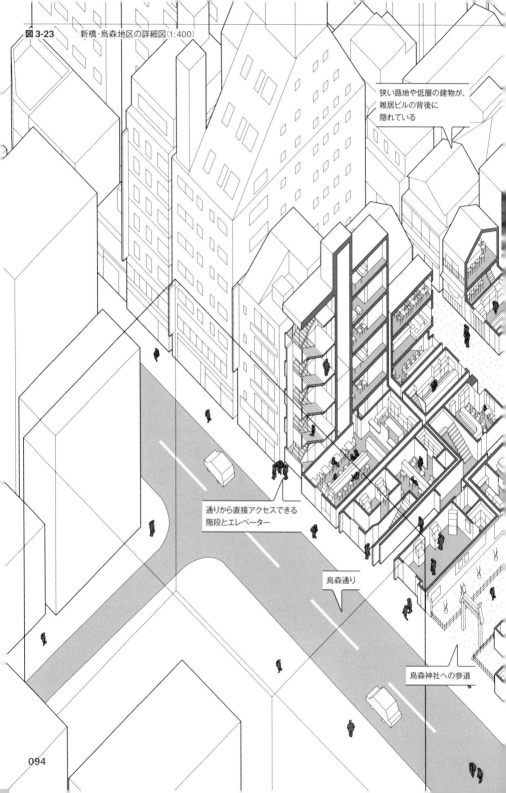

図 3-23　新橋・烏森地区の詳細図（1:400）

狭い路地や低層の建物が、
雑居ビルの背後に
隠れている

通りから直接アクセスできる
階段とエレベーター

烏森通り

烏森神社への参道

094

烏森神社：サラリーマンが
祈りを捧げる場所

建設予定地

戦後のマーケットから残る
唯一のバー

新橋柳通り

ニュー新橋ビル：
中年男性向けの横丁的な
店が多く、「おじさん天国」と
呼ばれている

図 3-24　烏森地区の建物用途の断面図と1階平面図（1:1,500）（2020年）

0　　　　　　25m

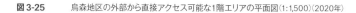

A　　　A

B　　　B

図 3-25　烏森地区の外部から直接アクセス可能な1階エリアの平面図（1:1,500）（2020年）

C

D　　　　　　　D

C

D

図 3-26 烏森地区の内部の路地から見た建物用途の断面図（1:1,500）（2020年）

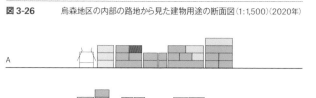

- 銀行
- 消費者金融
- 事務所
- バー・居酒屋
- レストラン
- カフェ
- 小売業
- クリニック
- 美容室・ネイルサロン・エステ
- 漫画喫茶
- カラオケ
- ゲームセンター
- パチンコ・麻雀
- その他
- 店舗名情報なし
- 空き店舗

図 3-27 烏森地区のファサードをつくる看板。外周部の雑居ビル（上）と路地沿いの居酒屋（下）（1:1,500）（2020年7月）

- 屋上看板
- 突き出し看板

雑居ビルのファサードをつくる看板
- 壁面広告
- 広告幕
- 窓に貼られたステッカー

- エレベーター
- 階段

- 誰でもアクセスできる1階のエリア
- 関係者以外はアクセスできないエリア
- 分析対象外の建物

図 3-28 烏森地区のファサード。外周部の雑居ビル（上）と路地沿いの居酒屋（下）（2020年7月）

4 高架下建築
UNDERTRACK INFILLS

図 4-1　アメ横の高架下建築
　　　　（2019年6月）

4 高架下建築

UNDERTRACK INFILLS

4.1 高架下に広がる都市空間

　　　東京は100年以上前から、高密度な鉄道網が敷かれ、駅は地域の玄関口であると同時に、商業活動の中心としての役割も果たしてきた。東京の主要な環状線であるJR山手線は、この都市の根幹を形成している。山手線の内側の鉄道網は地下鉄が中心であり、その外側は、山手線の駅から郊外住宅地に向かう、地上の通勤路線が放射状に伸びている。1960年代以降、この複雑な鉄道網は自動車交通と対立するようになった。

　　　日本の一部の鉄道事業者は、鉄道が地上で道路を横断することによる危険性や交通渋滞を避けるために、特に都心周縁部において線路の一部を高架化した。高架橋は、地上の線路が自動車と空間を共有することによって起こるマイナス面を回避すると同時に、地下の線路よりも建設費が安価で、建設期間が短く、メンテナンスも容易であるというメリットがある[59]。しかし、高架橋はしばしば景観や振動、騒音に関して隣接地域に多大な影響を与え、近隣住民から苦情が寄せられることが多い。

　　　このような高架橋は、都市の連続性を分断してしまうことがある。高架下がほとんど使われることのない、死んだような「残余空間」になってしまうからだ。しかし、東京の多くの地域では、高架下の空間を開発して既存の都市構造にうまく組み込み、鉄道網と歩行者空間の共益関係を成り立たせている。高架下を通ると、活気に満ちた飲食店や物販店、時には行政サービスの窓口などが軒を並べている。本章では、これらの高架下建築の過去、現在、未来を探り、どのような条件のもとで、都市に暮らす人々を引きつける場所になったのかを明らかにする。

　　　東京の高架下建築は都心部と周縁部の両方にあり、主に線路の下にあるが、高速道路の下にも存在する。上野の「アメヤ横丁（アメ横）」のような活気に満ちた高架下建築の重要な特徴は、一般の人々が自由に出入りし、街全体のコンテクストと融合することを可能にする、「浸透性」の高さだ 図4-1 。ただ残念ながら、近年の高架下建築の多くは、時代を超えて生き残ってきた最も活気がある高架下建築のデザイン原理を理解していなかったり、故意に無視してつくられたため、精彩を欠いている[60]。

　　　東京で最も有名な高架下建築は、主に山手線の東側沿いの「ローカル・トーキョー」[009頁参照]と「コマーシャル・トーキョー」[012頁参照]の近隣地域に見られるが、都心周縁の私鉄沿線にも独自の高架下建築がある 図4-2 。それらの特徴は多岐にわ

たるが  図4-3、海外ではほとんど見られない都市の使い方の可能性を示している[61]。

4.2　高架下建築の100年の変遷

　　東京で最も古い高架下建築は、第二次世界大戦前に建設された高架鉄道から始まった。最も初期の例は、1910〜14年に建設された山手線の浜松町駅と上野駅をつなぐ区間であり、この戦前最後の大規模な高架化計画は1930年に終了した。戦後、これらの高架下空間の多くは闇市に占拠され、その一部は、戦地からの引揚者に小商いをするための場所として与えられた[62]。その最も有名な例である「アメ横」については後で詳しく紹介するが、これらの空間は数十年の間に進化し、有機的に周囲に溶け込むようになった　図4-3-A,図4-4 。

　　戦後、東京に新しい高架橋が開通したのは1960年代初頭のことだった。高度経済成長期の60年代には、約10年にわたる「高架ブーム」が起きた。連続立体交差事業を進める国の方針に沿って、東京の都心と郊外住宅地を結ぶ鉄道の多くが高架化され、各自治体は線路を高架化あるいは地下化することによって、事故や渋滞を起こす踏切を最小限に抑えようとした。戦後、既存の高架下空間が闇市に自発的かつ段階的に浸食されていったのとは対照的に、1960〜70年代に建設された新しい高架橋は高架下建築の商業利用を念頭に置いて設計・建設された。

　　この時代の高架下建築には、都市に何らかの文脈を与える包括的な計画はなく、同じような商業空間を並べただけのものが多かった。しかし一方で、従来の

図 4-2　　東京23区の高架下建築（1:375,000）。
東京の多くの高架にはそれに付随する小さな空間があるが、この地図ではより大きく公共性の高い高架下建築群のみをプロットしている。

―――――　鉄道高架下建築
―――――　鉄道路線
―――――　道路高架下建築
―――――　高速道路

図4-3　　　東京の高架下建築の類型

A　　戦前に建設された浸透性のある高架下建築。
例：東京都台東区のアメ横（2018年9月）。1883年
に建設され、1925年に高架化された鉄道路線。

B　　1960〜70年代に建設された商店街型の高架
下建築。例：杉並区の高円寺駅（2019年10月）。
1922年に建設され、1966年に高架化された鉄
道路線。

C　　1980年代以降に建設されたショッピングモール
型の高架下建築。例：練馬区の中村橋駅（2019
年1月）。1924年に建設され、1997年に高架化
された鉄道路線。

D　　2010年代から増加しているリノベーションされ
た高架下建築。例：目黒区の中目黒駅（2019年
6月）。1927年に高架鉄道として建設され、その
後2016年に改修された。

E　　高速道路の高架下建築。例：中央区の銀座コリ
ドー街（2020年2月）。1950年代に高速道路の
高架と一体的に建てられた商業ビル群の一部。

日本の商店街のような役割を担うように設計され、周辺地域の住民が気軽に立ち寄りやすいように、統一感のある独立した店舗を集めた計画も多かった。後者の戦略は、時を経ても見事に機能している。本章で紹介する高円寺をはじめとする自由奔放な雰囲気を持つ高架下空間は、周辺環境に溶け込むことによって、この地域に欠かせない重要な場所になった 図4-3-B,図4-5 。

　　東京の高架下建築は、鉄道の下だけにとどまらない。1960〜70年代には、1964年のオリンピック開催に向けて、高架高速道路網が急遽建設され、その過程で既存の道路、河川、運河などの多くが覆われてしまった。高架鉄道と比べると数は少ないものの、このような高速道路の下にも高架下建築の事例は存在する。その一つの「銀座コリドー街」 図4-3-E,図4-6 については後で詳しく述べる。

　　その後も数十年間、高架鉄道の建設は続いたが、高架下の商業空間の形は大きく変わった。1980〜2000年代初頭にかけて、ほとんどの高架下建築は、周辺環境とつながりを持ちにくい、一元管理された窓のない内向きのショッピングモールとして設計された。西武池袋線沿線の中村橋をはじめとする複数の駅の高架下建築がこの典型的な例である 図4-3-C 。

　　近年、東京の都市開発事業者は高架下空間に関心を寄せるようになり、2010年代には高架下のリノベーション事業が次々と実現された。その多くは、山手線の秋葉原駅と御徒町駅の間に開設された「2k540 AKI-OKA ARTISAN」のように、窓のない一元管理されたショッピングモール・モデルを踏襲している。一方で、中目黒、学芸大学、大崎広小路などの駅の周辺のように、道路に面して独立した店舗を配置して、意識的に周辺環境との関わりをつくりだしている例もある 図4-3-D 。

4.3 アメ横──400店がひしめく高架下商店街

Case 07

　　「アメ横」(正式には「アメヤ横丁」あるいは「アメ横商店街」)は、東京の北東部、上野駅と御徒町駅の間の高架下に400以上の店舗が密集する、全長約500mの商店街だ。もともと闇市だったアメ横は、時を経て衣料品などの物販店や飲食店が集まる商業空間へと発展し、現在では人気の観光地になっている。複数の主要鉄道路線が高架橋を走っているため、騒音や振動などの問題を抱えるものの、アメ横を拠点とする多くの小規模店舗は、大勢の近隣住民や観光客を引きつけている 図4-7,8 。

　　1914年に開通した東京〜上野間の鉄道は、当初は地上を走っていた。しかし1923年の関東大震災の後、踏切での接触事故や線路沿いの火災の危険を懸念した行政は、鉄道を高架化することにした[63]。第二次世界大戦前は、この高架下空間には住宅が建っていた。しかし運の悪いことに、軍事的に重要な変電所もこの高架下にあったため、戦時中、この地域は頻繁に空襲の標的になった。住民は

疎開を余儀なくされ、この高架下空間は終戦時には空き地になっていた[64]。

　終戦後、東京の主要駅と同様に、高架下空間を含む上野駅の周辺には闇市が出現した。1949年に露店の強制撤去が始まると、実業家の近藤広吉がその代わりとなる仮設市場を建設した。現在のアメ横センタービルの前身である近藤産業マーケットには、80の区画に分割された1.5坪の面積の露店が並んだ。その例にならって、引揚者の組合が警察と鉄道会社から許可を得て、高架下空間を1間(約1.8m)の幅で分割し、そこに引揚者が露店を開設した[65]。それらの露店は長い年月の間に、1階に店舗、2階に店主の住居を持つ店舗併用住宅に変化していった。その後、軽微な変更を経て、1983年に高架下空間の中央に位置する変電所跡地を再開発した「アメ横プラザ」が建設され、現在のアメ横の形になった。食料品店は主に外周部にあり、衣料品店は内側の通路に沿って並んでいる。ほとんどの店舗は個人経営だが、フランチャイズやコンビニエンスストア、スーパーマーケットなどもある 図4-9〜11 。商店が通りに面して商品を並べたり、飲食店は店の外に椅子やテーブルを並べるなど、海外都市のマーケットのようなエリアを形成している。

　アメ横の賑わいは、戦後の不法占拠者や闇市の商人の活動から有機的に生まれたものだとよく言われる。もちろん初めの頃はそうだったが、やがてアメ横は公的な都市計画によって形成されていった。戦後の混沌という一般的なイメージとは裏腹に、地元住民、JR(旧国鉄)、行政が協力して計画を進めたのだ。むしろ、アメ横の現在の状況を形成した重要な要因は、細分化された狭小区画にあったと言える。高架下の空間は等間隔に細分化され、テナントの自主性が尊重された。一般的なショッピングモールとは異なり、一元管理されておらず、統一感のあるインテリアやブランド戦略を運営者から押しつけられることもなかった。このような自由放任主義のおかげで、アメ横は50年以上にわたって商業的な活力を維持してきた。

4.4 高円寺──気さくでオープンな都心周縁の商店街

Case 08

　高円寺駅の高架下建築は、自由奔放な雰囲気で知られる高円寺地域の中核をなす。JR中央線で新宿から10分ほどの高円寺は、都心から近いにもかかわらず、個人経営の飲食店、ライブハウスなどが混在する、ゆったりした文化が根づいており、自分のペースでリーズナブルに暮らしたいと願う人々が集まってくる[66]。

　高円寺は、本書で紹介している西荻窪[030頁参照]や東中延[170頁参照]などと同様に、1920年代に開発された多くの郊外住宅地の一つだ。これらの郊外住宅地は、その10年ほど前に西日本の阪神急行電鉄(現在の阪急電鉄)が考案した「鉄道と不動産の同時開発」というモデルをもとに構想された。高円寺駅の開業からわずか1年後に関東大震災が発生し、東京の多くの人々が都心から西側の郊外住宅地へと

図 4-4　アメ横の変遷（1:6,000）

0　　　　　　100m ➤

1940

戦後アメ横となるエリア
は、この当時は多くの住
宅や変電所によって占
拠されている。

出典:火災保険特殊地図
（都市整図社, 1940）

変電所

1951

このエリアは、近藤産
業マーケットの先駆的
な例に倣い、小さな店舗
の集合体として再編成
された。

出典:火災保険特殊地図
（都市整図社, 1951）

近藤産業マーケット

1970

高架下の面積を有効に
活用するために、土地の
細分化が行われた。

出典:全国住宅地図
（公共施設地図航空, 1970）

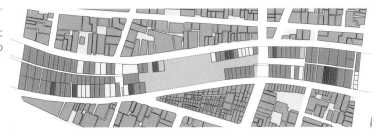

1981

変電所の跡地には、新
しいバーやレストラン、
また歩行者用の通路も
つくられた。

出典:住宅地図（ゼンリン, 1981）

アメ横センタービル

2018

1983年にアメ横プラザ
が完成し、アメ横はようや
く現在の形になった。

出典:住宅地図（ゼンリン, 2018）

アメ横プラザ

■ 事務所・公共施設	小売店	■ 住居	空き店舗
バー・レストラン	サービス・娯楽	変電所	

移住したことにより、中央線沿線の地域は急速に発展した。

1966年に、国の連続立体交差事業の一環として、高円寺駅付近の線路は高架化された。しかし、1960年代に実施された多くの高架下建築の開発とは異なり、高円寺の高架下建築はショッピングモールとして計画されずに、個人経営の店舗が集まる商店街をモデルにしてつくられた。

この高架下建築は駅の東側と西側の両方に伸びているが、高円寺の自由でオープンな雰囲気を体現しているのは、主に西側の方だ 図4-12,13 。この高架下に沿って長さ200mの屋内通路があり、74の飲食店や物販店が入居している。屋内通路も外の通りも、それぞれの飲食店のテーブルや椅子で埋め尽くされ、一つの大きなコモンスペースのような雰囲気をつくりだしている 図4-14~16 。ここの客層は、新宿のオフィス街のサラリーマンとも、銀座の高級志向の人々とも異なる。こうした限られた客層ではなく、あらゆる年齢層の地元住民や観光客が、高架下のむき出しのコンクリート柱脚の間にテーブルや椅子を並べただけの飾り気のない空間で飲食を楽しんでいる風景は、この地域の特徴をよく表している。

日本のほとんどの商店街と同様に、高円寺の高架下建築の経営者も高齢化し、後継者を見つけるのは難しい。すでにいくつかのテナントが退居したが、高円寺は魅力的なロケーションであることから、すぐに新しいテナントが入るだろう。高架下建築の存続を危うくしているのは、高架下の土地を所有しているJRが賃料を値上げし、独自の個性を持つ小さな店が淘汰されつつあることだ [67]。東京の高架下空間に対する隠れ家的人気が高まり、再開発の対象となっている。高円寺は土地の所有権が細分化されているため、現時点では大規模な再開発は食い止められている。しかし、高架下の土地を一つの企業が所有しているため、どこにでもあるショッピングモールへと開発されてしまうのを阻止できるかどうかは未知数だ。

4.5　　　銀座コリドー街——高速道路下の出会いの聖地

Case 09

東京で最もホットな出会いの場の一つは、首都高速道路の下にある。「銀座コリドー街」(正式名称は山下ビル)は、東京の高級ショッピングエリアである銀座の西端に位置し、南側の新橋駅、北側の有楽町駅に挟まれた奥行き12m、全長420mの高架下建築だ 図4-17 。この銀座コリドー街は近年メディアで「出会いの聖地」と呼ばれている。知名度が上がったのは最近のことだが、この高架下建築は昔から積極的に利用されてきており、数十年の間、地域の繁栄とともに変容し順応してきた。

1951年、有力な実業家のグループが、ショッピングセンターと高速道路の両方の機能を併せ持つ新しいハイブリッド建築をつくるために、株式会社東京高速道路を設立した [68]。かつて江戸城の外堀だった山手線沿いの土地を利用して、長さ

図 4-5　高円寺駅の高架下建築の変遷（1：6,000）　　　　　　　　　0　　　　　　　　100m

1949　1922年の駅開業後、周辺はすぐに住宅地となる。
出典：火災保険特殊地図（都市製図社, 1949）

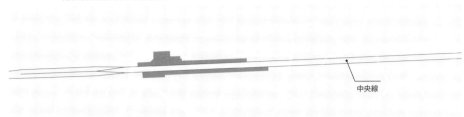

中央線

1962　戦後の復興により高密度化が進む。1950年代には駅の両側にロータリーがつくられる。
出典：東京都全住宅案内図帳（住宅協会, 1962）

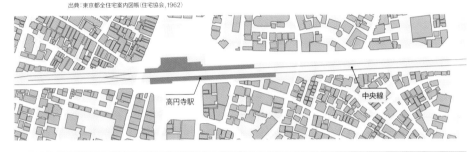

高円寺駅

中央線

1971　線路は1966年に高架化され、その高架下空間は、すぐに地元の商業ネットワークの一部となる。
出典：全国住宅地図（公共施設地図航空, 1971）

高円寺駅

環七通り

2018　高円寺の高架下空間は完成以来、駅の東西に拡大してきた。
出典：住宅地図（ゼンリン, 2018）

高円寺駅

■ 事務所・公共施設	小売店	空き店舗
バー・レストラン	サービス・娯楽	□ 駐車・駐輪場

2kmの高速道路を屋根として共有し、上部でつながった商業ビルを建設するという官民連携のプロジェクトだった[69]。現在も、商業ビルのテナントからの賃料は、ビルの上を走る高速道路の財源となっている。

　　銀座コリドー街は、東京高速道路が手掛けた2kmに及ぶ高速道路の高架下開発の中で、1953年に最初に建設したビルで、開発エリアの中で最も長い建物だ。そのデザインも、他の建物とは大きく異なっている。他の建物のほとんどは細長いショッピングモールであり、多くの銀座の建物と同じように、内部に設けた通路に歩行者を誘導している。一方で、銀座コリドー街には内部通路はなく、店舗は直接通りに向かって開いている。高速道路のコンクリート造の等間隔に配置された柱、高い天井、広いスパンは、内部空間の変化に柔軟に対応できる枠組みを提供している。当初、このビルのテナントの多くはオフィスだったが、時が経つにつれて飲食店に変わり、自然と社交場の様相を帯びるようになった[70]　図4-18　。現在、54の店舗が地上2階と地下1階に分かれて出店している。

　　このダイナミズムと進化のしやすさは、東京高速道路が建設した他の建物とは対照的だ。たとえば、隣接するショッピングモール「銀座ファイブ」は、銀座コリドー街と同時期に同社によって建設された。ショッピングモールにはよくあることだが、銀座ファイブは、開業当時は現代的な印象だったものの、時代の変化に対応できず、今では時代遅れで古びた印象を受ける。一方で、銀座コリドー街は、何年経っても、活気に満ちた雰囲気を醸し出している。この理由の一つは、銀座コリドー街が、戦前の山手線の高架下建築と戦後の有楽町駅周辺のマーケットの名残である高架下空間が延々と続く周辺環境と、高い一体性を保っていることによる　図4-19〜21　。

　　銀座コリドー街の両側に飲食店が並んでいるが、ほとんどの人は高速道路沿いに集まって歩いている。何しろ、出会いが起こるのはそちら側だからだ。飲食店を探して歩道を歩く若い男性や女性のグループにとって、見通しの良い道は、好みの相手を見つけるには最適な場所だ。「シャイで慎み深い日本人」という時代遅れのステレオタイプは、銀座コリドー街にちょっと立ち寄っただけで一気に崩れ去るだろう。ここでは社交上の礼儀作法は緩和され、潤滑油としてのアルコールが歓迎され、男女が堂々と路上で会話し、食事し、酒を飲み、さまざまな恋愛に興じるのだ。

　　このように、飲食店が並ぶ通りでの出会いは世界ではよく見られる光景だが、東京では珍しいことだ。スペインの日曜日の「パセオ」(paseo)や、イタリアの夜の「パッセジアータ」(passeggiata)などの伝統的な習慣では、人々は社会的交流を求めて、バルやカフェが並ぶプロムナードなどを散策する。散策という行為には、偶然の出会いとそれから逃れるための手段の両方を可能にしてくれる、ちょうどよい曖昧さがある。散策している人に立ち止まって話しかけることもできるし、話しかけられたら「ちょっと通り

図 4-6　　銀座コリドー街の変遷(1:6,000)

0　　　　　　100m

1934

山手線の最初の区間は、旧江戸城の外堀跡に沿って高架鉄道として敷設された。

出典：火災保険特殊地図
(都市整図社, 1932, 1934)

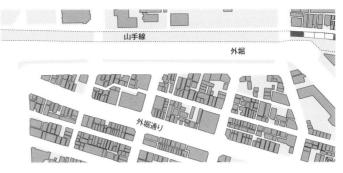

山手線

外堀

外堀通り

1958

堀は鉄道や東京高速道路の商業ビルに覆われてなくなる。

出典：東京都全住宅案内図帳
(日本住宅協会, 1958)

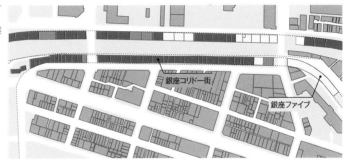

銀座コリドー街

銀座ファイブ

1990

銀座コリドー街は、当初のオフィススペースから徐々にバーや飲食店へと変化している。

出典：住宅地図(ゼンリン, 1990)

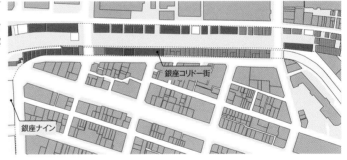

銀座コリドー街

銀座ナイン

2019

人気のある飲食エリアとなった銀座コリドー街の成功に倣って、周辺の高架下空間の再開発プロジェクトが行われている。

出典：住宅地図(ゼンリン, 2019)

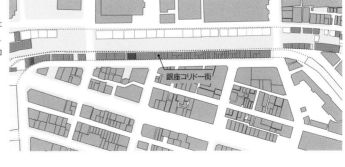

銀座コリドー街

| ■ 事務所・公共施設 | □ 小売店 | □ 建設中 |
| ■ バー・レストラン | ■ サービス・娯楽 | □ 駐車・駐輪場 |

過ぎただけ」というふりをして、歩き続けることもできるからだ。

　　銀座コリドー街が成功したことで、周辺の多くの高架下建築もリノベーション
されつつある。2019年には、「裏コリ」と呼ばれる新しい高架下建築がオープンし、そ
の北側では有楽町の高架下建築がリニューアルされ、「有楽町産直横丁」としてブラ
ンド化された。一番大規模なリニューアルは、日比谷側のJR高架下で行われ、その
一帯は2020年に高級ファッション、カフェ、レストランなどが集まる商業施設「日比谷
OKUROJI」として開業した。東京では、注目される都市空間活用事例は、すぐに大
手不動産業者によってパッケージ化され商業化される。しかし、そうしてトップダウン
の意思決定によって再開発された都市空間は、厳密に管理され、均質化されること
で、銀座コリドー街のように簡単には解読できない魅力で人を引きつける場所には決
してならない。公平を期すために言うと、銀座コリドー街も一元管理型の高架下建
築だ。店舗の多くは全国展開しているフランチャイズ店であり、アメ横や高円寺のよう
なその地域独特の新鮮さは見られない。しかし、その建築は（意図的かどうかはともかく）
周辺環境に適応し、賑わいのある街路空間を生み出し、所有者に経済的利益をも
たらすとともに、人々に自由な出会いの場を提供している。

4.6　　　　高架下建築から学ぶこと

　　高架下建築は、高架橋のインフラによってつくりだされた暗くて騒音に満ちた
空間を、他にはない魅力と価値のある都市空間に変えることができる。それができる
のは、高架下建築が都市環境に溶け込み、周囲に対して物理的にも視覚的にも開
かれているからだ。

4.6.1　　　　驚きや発見を与える空間に人は集まる

　　高架下建築は、一元管理されたショッピングモールとして運営されている場合
より、多数の小さな店舗が集まっている場合に最も活気にあふれたものになる。なぜ
なら、前者は人々に驚きや発見を与えることの少ない、閉鎖的な内部空間になりがち
だからだ。1980〜90年代に建設された高架下建築は、この点について教訓を与
えてくれる。当時の高架下建築は、都市の残余空間として放置されてしまうはずだっ
た高架下空間を有効活用しているものの、周辺環境から閉じたデザインによって、歩
行者の流れを妨げ、地域との関わりも極めて限定的であった。一方で、本章で取り
上げた事例では、個性豊かな店舗の集まりが周辺環境にオープン開かれ、ジェイン・
ジェイコブズの有名な言葉にあるように、街路に「多数の目」を置くことによって安全性
を高め、地域を活性化する役割を果たしている[71]。

4.6.2　　　　高密度でも一元化せず、自発性・分散性を重視する

　　高架下建築とショッピングモールはどちらも、商業テナントを高密度に配置して

いるが、優れた高架下建築は、分散型の所有と管理を維持し、外界とつながり、緩やかに浸透していく。街路など周辺の公共空間とのつながりを意識し、屋内広場やアトリウムなど核となる中心施設をあえてつくらない構造と、各テナントが自発的に事業を行うエネルギーによって、通り全体が活気づくように設計されている。

　　短期的な利益を重視する不動産事業者にとっては、高架下建築は、消費者を囲い込んで厳密に管理するショッピングモールほど魅力的ではないかもしれない。しかし、一般の消費者からすると、高架下建築はショッピングモールと同じように多様な商品の選択肢を提供しながらも、気ままに散策し消費を楽しめる自由さが居心地が良い。長期的に見ると、このように消費者に自由に振る舞える環境を提供していることが、収益性を高める要因になるかもしれない。高架下建築は、その柔軟性を活かして時代やニーズの変化に適応し、何十年も持ちこたえ、流行り廃りの激しいショッピングモールよりもずっと長く存続できるだろう。

4.6.3　地域経済から顧客を奪わず、集積の経済を構築する

　　ショッピングモール型の高架下建築は、鉄道利用客が駅の外に出る前に、彼らにポケットマネーを使わせることを目的としている。そうしたビジネスの多くは閉鎖的で地域経済との関わりが薄い。これらの均質化された空間では、自発的で予測不可能な小規模の個人経営の店舗は歓迎されず、周辺地域の店舗の顧客をそっくり奪い取ってしまうことが多い。

　　一方、周辺地域に溶け込む高架下建築は、1960〜70年代に建設されたものであっても、周辺地域の店舗から顧客を奪うことを回避し、地域経済にポジティブな影響を与えている。そうした高架下建築は、横丁のように、小さな空間に複数の独立した経営者を配置することが多く、一般的に、同じようなタイプ、テーマ、顧客ターゲットのビジネスが集まる「集積の経済」を形成する傾向がある。集積の経済においては、売り手は狭い意味で近隣のビジネスと競争するだけでなく、お互いに協力しあって集客し、場所の魅力を高める。その結果、アメ横の活気あふれる食料品店や衣料品店、高円寺ののんびりした居酒屋、銀座コリドー街の男女の駆け引きと飲み歩きの舞台となる街路など、個性的な特徴を持つ場所が生まれたのだ。

4.6.4　殺風景な都市の残余地を活気あるエッジに変える

　　ショッピングモールの閉ざされた出入口とは異なり、高架下建築の成功例では、店舗が公共空間に面しており、通行人が立ち寄りやすくなっていることが多い。このようなつながりがない場合、この暗い日陰の空間は放置され、居心地の悪いものになりがちだ。成功している高架下建築は、ヒューマンスケールの商売と都会の隠れ家的な親密感を融合させて、殺風景になってしまいがちな通りに活気を与え、当初は不利だと思われていた空間的な特徴を逆手にとって、魅力的な街並みに変えている。

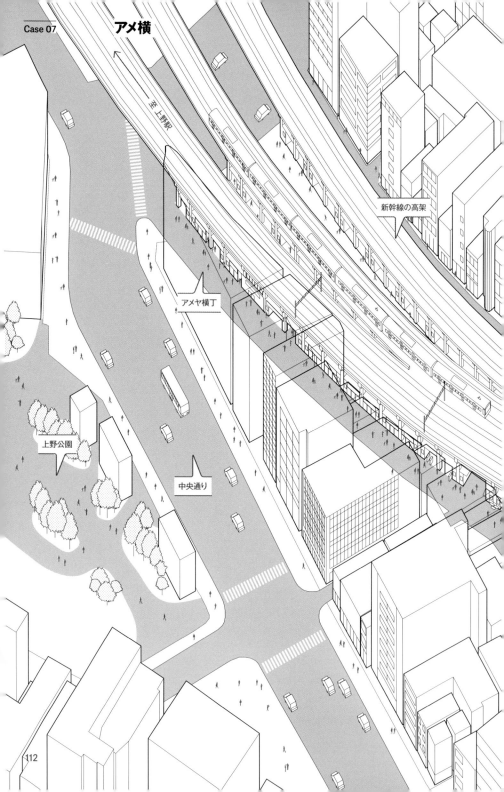

アメ横

新幹線の高架

アメヤ横丁

JR上野駅

上野公園

中央通り

図 4-7　アメ横周辺の都市環境（1：1,200）

0　　10　　20　　30m

JR山手線の高架

アメ横プラザ

アメ横センタービル

至 御徒町駅

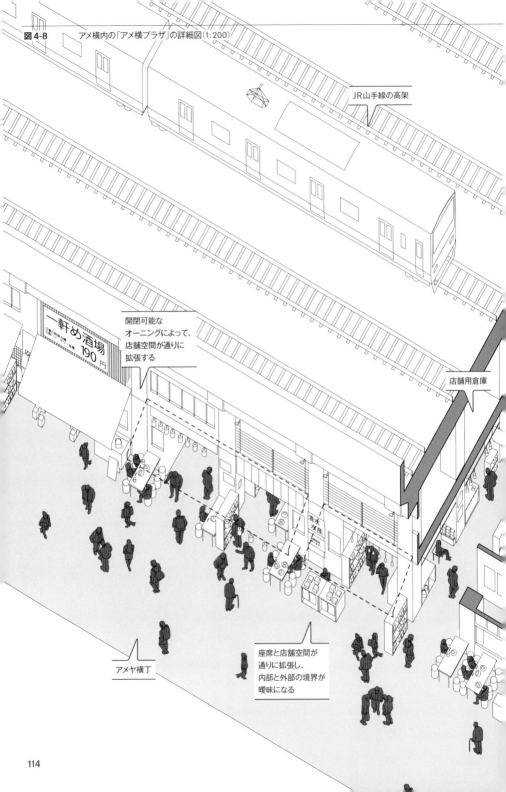

図 4-8　アメ横内の「アメ横プラザ」の詳細図（1：200）

JR山手線の高架

開閉可能な
オーニングによって、
店舗空間が通りに
拡張する

店舗用倉庫

一軒め酒場
190 円

清水水産

アメヤ横丁

座席と店舗空間が
通りに拡張し、
内部と外部の境界が
曖昧になる

通りとシームレスに
つながる高架下空間

御徒町駅前通り

商品の棚が、
通路の境界に
なっている

プラザ内には、
多くの小さな店舗が
並んでいる

小さな店舗は、
高架構造のグリッドの中に
すっぽりと収まっている

0   5m

図 4-9 　アメ横の断面図A（1:400）

キープラン

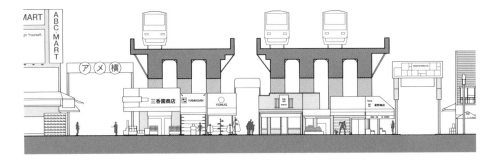

図 4-11 　アメ横の地上階利用図（1:2,500）
出典：2018年10月のフィールドワークおよび住宅地図（ゼンリン、2018年）

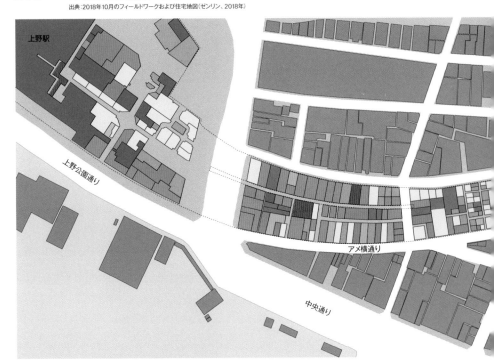

116

図 4-10 アメ横内のアメ横プラザを通る断面図 B（1:400）

0　　　　5　　　　10m

0　　　　　　　50m

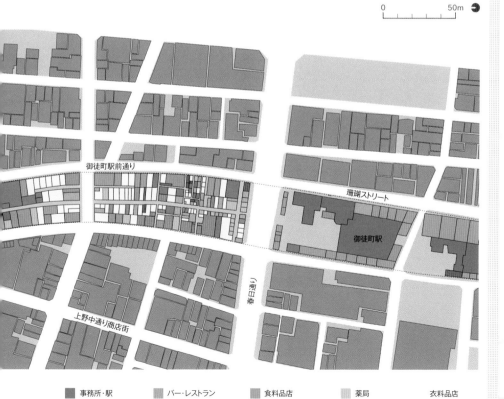

御徒町駅前通り

珊瑚ストリート

御徒町駅

春日通り

上野中通り商店街

■ 事務所・駅	▨ バー・レストラン	▨ 食料品店	▨ 薬局
▨ 宝石・装飾店	▨ スポーツショップ	■ サービス・娯楽	■ 空き店舗

衣料品店

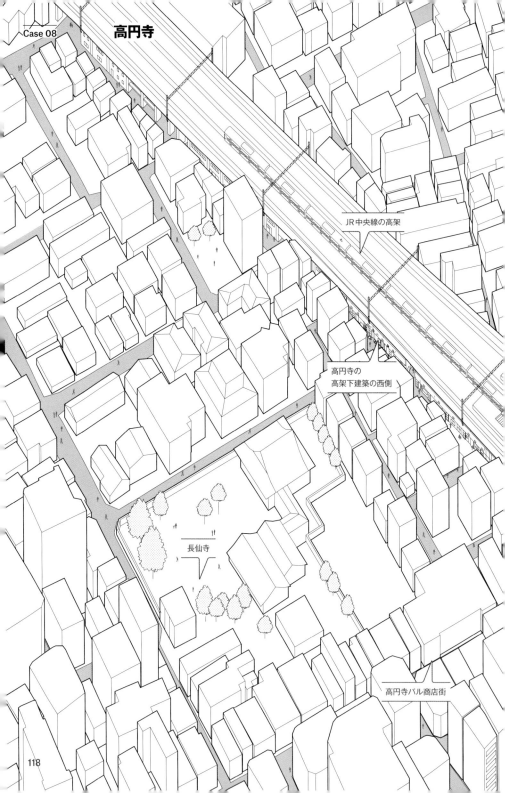

高円寺

JR中央線の高架

高円寺の
高架下建築の西側

長仙寺

高円寺パル商店街

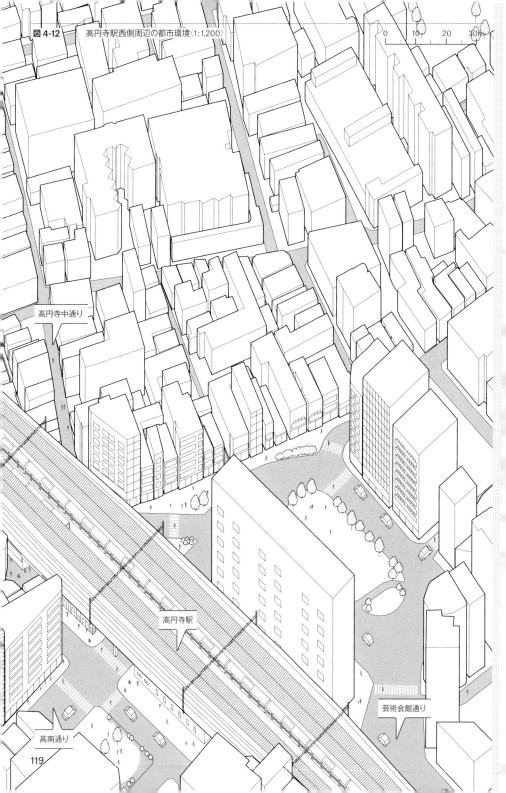

図 4-12　高円寺駅西側周辺の都市環境（1:1,200）

0　　10　　20　　30m

高円寺中通り

高円寺駅

芸術会館通り

高南通り

119

図 4-13　高円寺駅西側の詳細図（1:200）

高架下空間の
ビジターマップ

レストランが活気ある
街並みや内部廊下に
拡張していく

南側の高架下空間は、
住宅密集地域に
接している

テラス席

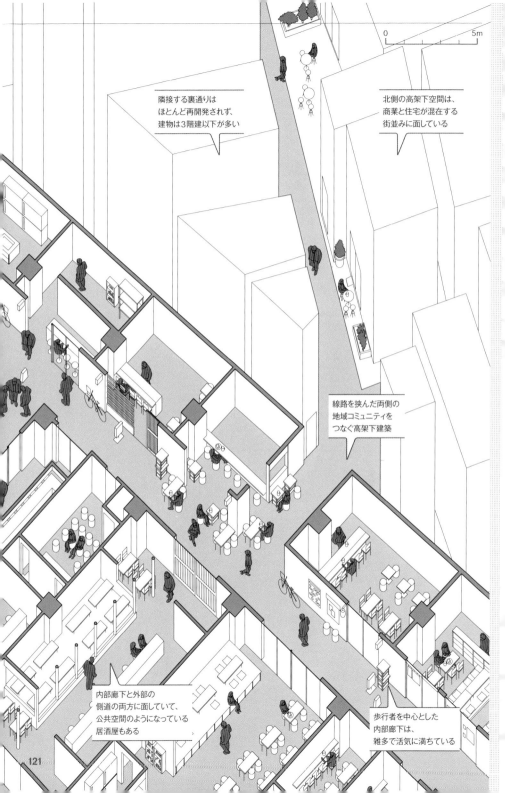

隣接する裏通りは
ほとんど再開発されず、
建物は3階建以下が多い

北側の高架下空間は、
商業と住宅が混在する
街並みに面している

線路を挟んだ両側の
地域コミュニティを
つなぐ高架下建築

内部廊下と外部の
側道の両方に面していて、
公共空間のようになっている
居酒屋もある

歩行者を中心とした
内部廊下は、
雑多で活気に満ちている

図 4-14　　高円寺の高架下建築の断面図A（1:400）

キープラン

図 4-16　　高円寺の高架下建築の地上階利用図（1:2,500）
出典：2018年11月のフィールドワークおよび住宅地図（ゼンリン、2018年）

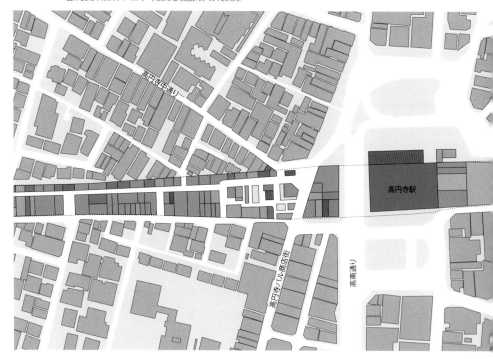

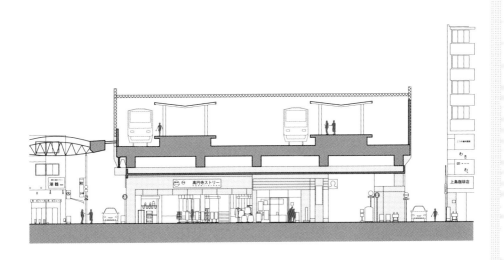

図 4-15 　 高円寺の高架下建築の断面図B（1:400）

0　　　　5　　　　10m

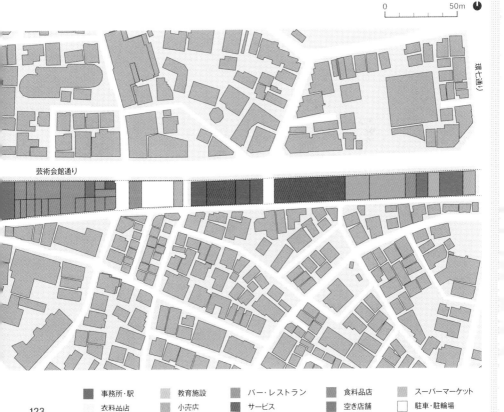

0　　　　50m

芸術会館通り

■ 事務所・駅	▨ 教育施設	▨ バー・レストラン	▨ 食料品店	▨ スーパーマーケット
▨ 衣料品店	▨ 小売店	▨ サービス	■ 空き店舗	□ 駐車・駐輪場

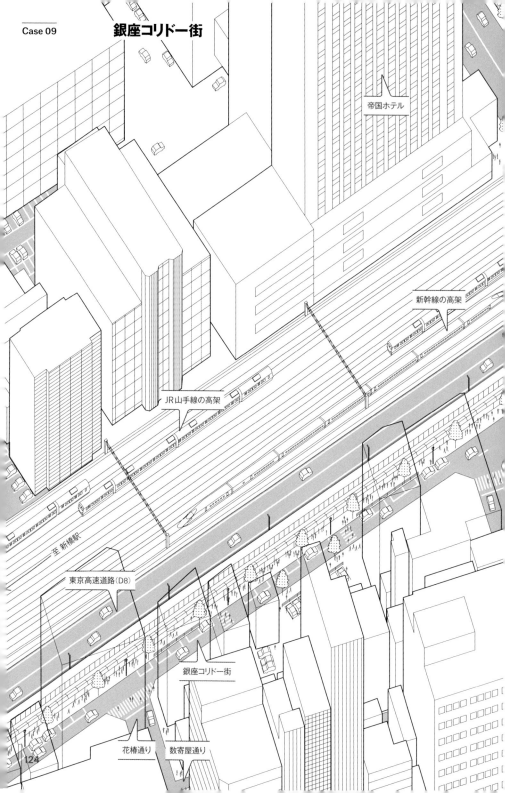

銀座コリドー街

帝国ホテル

新幹線の高架

JR山手線の高架

東京高速道路（D8）

至 新橋駅

銀座コリドー街

花椿通り　数寄屋通り

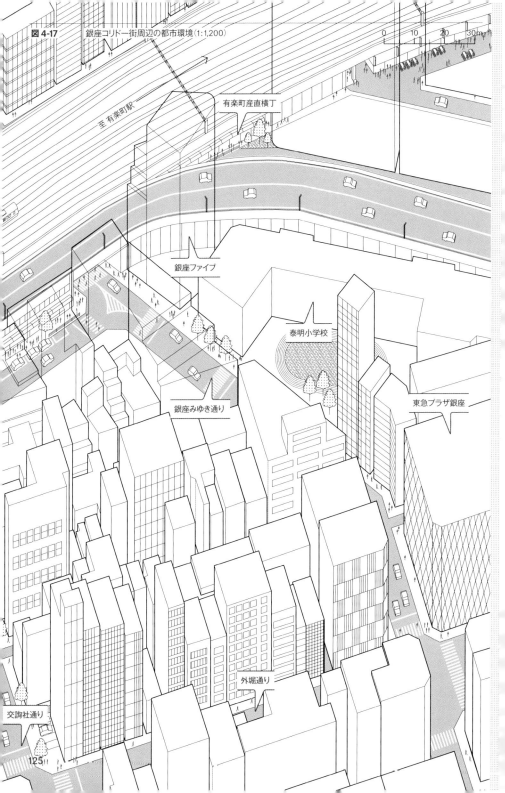

図 4-17　銀座コリドー街周辺の都市環境（1:1,200）

0　10　20　30m

至 有楽町駅

有楽町産直横丁

銀座ファイブ

泰明小学校

銀座みゆき通り

東急プラザ銀座

外堀通り

交詢社通り

125

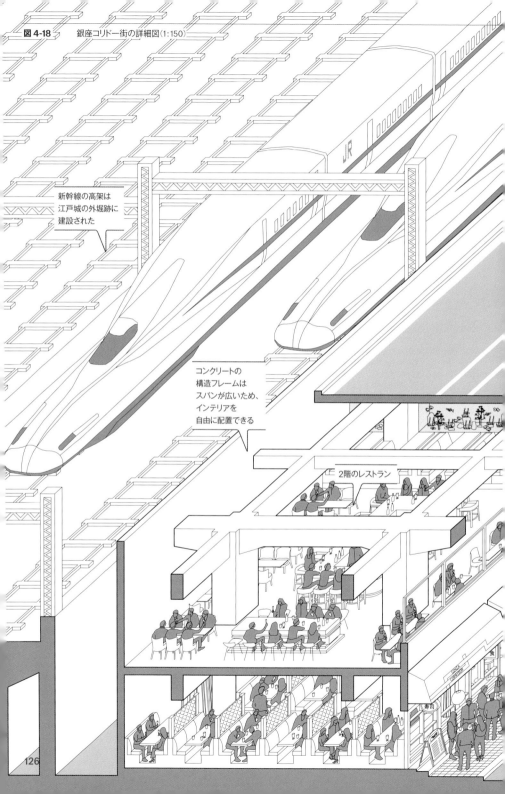

図 **4-18**　銀座コリドー街の詳細図（1：150）

新幹線の高架は
江戸城の外堀跡に
建設された

コンクリートの
構造フレームは
スパンが広いため、
インテリアを
自由に配置できる

2階のレストラン

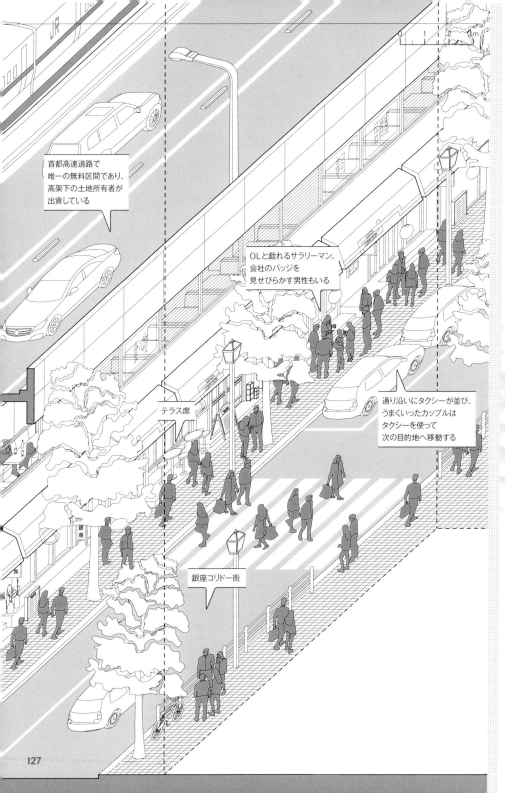

首都高速道路で
唯一の無料区間であり、
高架下の土地所有者が
出資している

OLと戯れるサラリーマン。
会社のバッジを
見せびらかす男性もいる

通り沿いにタクシーが並び、
うまくいったカップルは
タクシーを使って
次の目的地へ移動する

テラス席

銀座コリドー街

図 4-19 銀座コリドー街の高架下建築の断面図A（1:400）

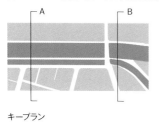

キープラン

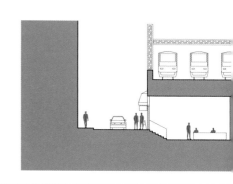

図 4-20 銀座コリドー街の高架下建築の断面図B（1:400）

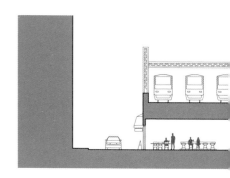

図 4-21 銀座コリドー街を含めた新橋〜有楽町駅間の高架下建築の地上階利用図（1:2,500）
出典：2020年のフィールドワークおよび住宅地図（ゼンリン, 2019年）

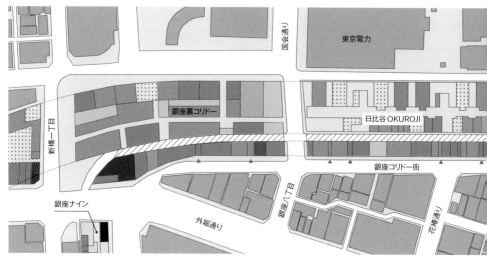

▲ 2階の店舗へのアクセス　　▲ 1階の店舗へのアクセス

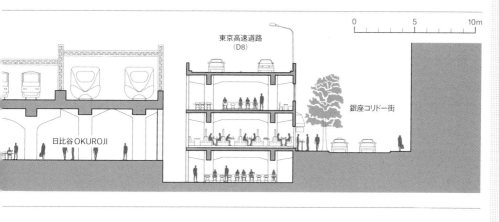

0　　　　　　5　　　　　　10m

東京高速道路
（D8）

銀座コリドー街

日比谷OKUROJI

有楽町産直横丁

銀座ファイブ

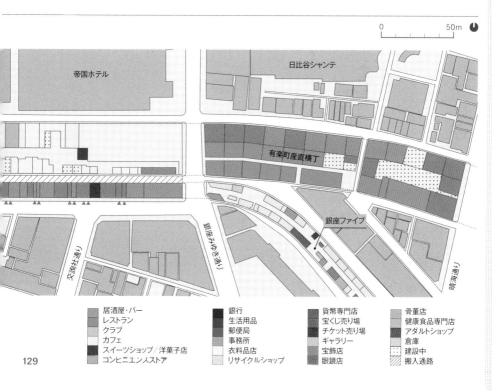

0　　　　　50m

帝国ホテル

日比谷シャンテ

有楽町産直横丁

銀座ファイブ

交詢社通り

銀座みゆき通り

晴海通り

居酒屋・バー	銀行	貨幣専門店	骨董店
レストラン	生活用品	宝くじ売り場	健康食品専門店
クラブ	郵便局	チケット売り場	アダルトショップ
カフェ	事務所	ギャラリー	倉庫
スイーツショップ／洋菓子店	衣料品店	宝飾店	建設中
コンビニエンスストア	リサイクルショップ	眼鏡店	搬入通路

5 暗渠ストリート

ANKYO STREETS

図 5-1 　自由が丘の
九品仏川緑道
（2019年9月）

5 暗渠ストリート

ANKYO STREETS

5.1 東京を流れる川のようなストリート

　　東京を象徴する風景として、大勢の人々でごった返す繁華街はよく知られているが、その周辺に広がる1000万人以上の住民が暮らす住宅地にも東京の特徴が表れている。東京をはじめとする日本の都市においては、繁華街でも住宅地でも、そこを走る街路は、滞在するための空間ではなく移動するための空間として管理されている。街路を管轄する警察は、明示的あるいは暗示的な手段を使って路上に人が集まることを阻止しており、ベンチ、飲食店の屋外席などを設置することは、公共の歩道ではタブーとされている。東京の街路でも、出会いや発見を楽しむ偶発性（セレンディピティ）の舞台とすることは排除されている。

　　時折、東京でこのような厳しい規制を逸脱した街路に遭遇すると、好奇心をそそられる。調べてみると、東京で興味をそそられる街路の多くは、水路を覆って道にした「暗渠（あんきょ）」であることがわかった 図5-1 。このような暗渠は「ヴィレッジ・トーキョー」[009頁参照]でよく見かけるが、「コマーシャル・トーキョー」[012頁参照]の有名な通りの中にも、もともと水路だったところがある。こうした「創発的」な街路は、私たちに東京という都市を探る手がかりを与えてくれる。

　　江戸時代の東京は、川や運河が密集する水の都として知られていた。都市の近代化に伴い、水路は徐々に埋められたり覆われたりして、残った水路は高いコンクリートの堤防で囲われた。かつては必要不可欠なインフラであり、人々の憩いの場でもあった水路は、20世紀に入ると、水害の原因の一つとして人々の暮らしから遠ざけられてきた。こうして東京は、水との密接な関係を失ってしまった。幸いにも、東京の市民活動家や都市計画家は、こうした水辺政策を過ちと見なし、水の都としての東京のレガシーを回復するための取り組みを始めている。

　　1980年代以降、東京の起源、特に江戸との連続性を探求することへの関心が高まっている。この都市には築100年を超える建物がほとんどないため、地形が歴史の重要な手がかりとなり、特にその水辺の遺産に歴史的関心が寄せられているのだ。近年、地形から本当の東京らしさを捉えようとする書籍の出版や愛好会の活動などが活発になっているが、この現象は当然とも言える。なぜなら、歴史的に見て、寺や住宅の配置から社会的・経済的に異なる階層間の境界に至るまで、あらゆることに地形が大きな影響を与えてきたからだ[72]。暗渠は、このような地形に由来する

遺産の名残であり、東京の過去と未来がどのように結びついているかを理解するための重要な鍵となっている。

5.2　　　　　日本のストリートライフを退屈にする政策

　なぜ、東京のストリートライフは、ここまで制限されているのだろうか? 屋外ダイニング、テラス席があるカフェ、ストリートマーケットなど、街路が積極的に利用されている欧米から来日する外国人が抱くこの疑問に対して、日本でこうした魅力的な屋外の公共空間の使用が制限されるのは、「日本の文化」になじまないからだと説明されることがある。しかし実際のところ、日本で屋外の公共空間の活動が制限されているのは、日本文化に由来するものではなく、戦後の道路政策によるものである。

　東京も、昔からこのような状況だったわけではない。江戸時代には、街路は商売をする場所であり、コミュニティのための場所でもあった。江戸時代の浮世絵には、賑わいに満ちた市場、露天商、子供たちが遊ぶ姿などが描かれ、自然発生的な都市の活気が感じられる。これまでの章でも述べてきたように、この伝統は第二次世界大戦後も続き、戦争で破壊された都市に無数の不法な露店が出現した。しかし、1949年にGHQが発令した露店整理令によって、全国の露店が禁止された[73]。これ以降、屋台や屋外市場は街から徐々に姿を消した。

　また、都市計画に対する考え方の変化も、このような行動規範の厳格化につながっている。戦後の日本の道路政策では、厳密な歩車分離が推奨された。その

図 5-2　　　　　東京23区の開渠・暗渠
　　　　　　　　（1:375,000)
出典：吉村生・髙山英男
『暗渠マニアック!』(柏書房、2015)、
黒沢永紀『東京ぶらり暗渠探検』
(洋泉社、2010)

―――――　開渠
―――――　暗渠

結果、全国の道路で自動車交通が優先され、歩行者は道路を横断するために高い歩道橋を上ることを余儀なくされた。このような自動車交通中心のインフラのせいで、特に高齢者や障害者などが街中を徒歩で移動しづらくなるという弊害が起きている。

　また、1960年代に起こったデモや抗議活動への対策として、警察は公共空間をより厳しく管理するようになり、公園や広場などは大規模な集会を阻止するために物理的に細分化された[74]。東京の道路は、区、都、国のいずれかに属しているが、いずれも警察の管轄下にあり、道路を使用する場合は警察の許可が必要になる。海外の多くの国では、警察は地方自治体の管轄下にあるが、日本の警察は警察庁の管轄下にある。警察は交通の妨げになる行為を許可しないため、街路でのイベント開催などの行為は、たとえそれが地方自治体からの要請であっても認められないことがあるほど厳しく管理されている。唯一、長年にわたって地域の文化として親しまれてきた季節の祭りだけは、警察も例外的に承認している[75]。

　東京においても、ほとんどの街路や広場にはベンチが設置されていない。有名な渋谷のハチ公前広場のように、ベンチが設置されている数少ない公共空間においても、それらは意図的に長居をさせないようなデザインになっている[76]。

5.3　　　暗渠ストリートの歴史

　かつてイタリアのヴェネツィアに匹敵するほどの水の都だった東京には、変化に富む地形に無数の河川が流れている[77]　図5-2。江戸時代になると、これらの天然の水源に加えて、東京湾の東側を中心に新たに運河が建設され、住民の生活用水から農業用水、産業用水、工業用水までを支える高密度な水路網が構築され、河岸は賑わいを見せていた。

　しかし、都市の近代化が進むにつれて、東京はそのルーツである水の都とはほど遠い都市へと変質していった。多くの河川や運河が覆われ、関東大震災や第二次世界大戦の復興事業では、多くの河川が消滅した。このプロセスは、1954〜73年の急激な人口増加と高度経済成長によって加速し、JR山手線内の多くの川や水路は道路や住宅地に変わった。また、緑地が減って湧き水が枯れてしまったために消滅した川もあった。残された水路の多くは、地域の工業化によってひどく汚染されてしまった。

　このような都市環境の悪化を受け、東京都では1964年のオリンピックに向けて、急遽、都市基盤整備事業が行われ、その一つが下水道の整備だった。1961年、東京都は東京都市計画河川下水道調査特別委員会による報告（36答申）を受け、都市部の多くの河川を覆って下水道幹線にする政策を開始した。この計画では、都市の高密度化に伴い、東京の自然な地形を利用して、機能的かつ費用対効果の高

い下水道システムを迅速に構築する方法が提示された。この後、郊外の新興住宅地の開発や都市化事業も同様の考え方で進められ、その結果、残存していた多くの小川や運河が覆われ、暗渠となった[78]。

　本章では、特に戦後、急遽に暗渠化された水路に焦点を当てている。それらの多くは道幅が狭いため車両の通行が困難で、結果的により静かで地域に根ざした街路になっていることが多い。また、これらの暗渠ストリートは、緑道や遊歩道として整備されていることも多い。この現象をより深く理解するために、本章では三つの事例を検討する。原宿の「モーツァルト通り〜ブラームスの小径」は、高度に発展した商業地をひっそりと横切る、小さく親密な雰囲気の通りである 図5-3,4 。「代々木の裏通り」は、名もない住宅地を横切り、住民の生活の場として利用されている 図5-5,6 。三つめの「九品仏川緑道」は、東急東横線・大井町線の自由が丘駅付近から徐々に姿を表す居心地の良い並木道だ 図5-7,8 。

5.4
Case 10

原宿・モーツァルト通り〜ブラームスの小径──
商業地の喧騒を癒すオアシス

　カラフルで可愛いファッションの聖地として世界的に有名な原宿の竹下通りの目と鼻の先に、それと並行する静かな路地がある。この路地を歩くと、表通りの喧騒から切り離された、小さなカフェ、洗練されたショップ、こぢんまりとした緑などに彩られた別世界が広がる。この路地はクラシック音楽に関連づけて、西側の区間は「ブラームスの小径」、東側の区間は「モーツァルト通り」と名づけられた。合わせて長さ275mのモーツァルト通りとブラームスの小径は、山手線の原宿駅と明治通りを結ぶ。この通りは、元の小川の名残から周囲よりも低い位置にあり、また幅員が1.8mであるため、車は通行できない。通りの両側には3階建程度の低層の建物が立ち並び、その通りを挟んで立つ建物の距離は3〜12mとさまざまで、広場のような空間もある。この狭く人目につかない小径の最も驚くべき点は、東京で最も資産価値が高いエリアの一つで生き残っていることだろう 図5-9 。

　モーツァルト通り〜ブラームスの小径の暗渠は、明治神宮境内を源とし渋谷川に流れ込んでいた小川を辿っている[79]。隣接する明治通りが完成した1930年代頃は、この小川は周囲の田んぼを潤し、近所の子供たちの遊び場でもあったという[80]。戦後は排水による汚染が進み、1960年代半ばには、オリンピックに向けた整備事業の一環で、この小川は覆われてしまった。

　当時の竹下通りは、若者が自己表現できるファッションの街として認知されるようになっていた。最初はアメリカ軍、その後オリンピック選手の宿舎として使われたワシントンハイツに近かったため、外国人の姿も多く見られた。モーツァルト通り〜ブラーム

図5-3　モーツァルト通り〜
　　　　ブラームスの小径
　　　　（2020年6月）

スの小径の暗渠も商業化されていったが、暗渠ストリートの両側に並ぶカフェやアン
ティークショップは、竹下通りとは対照的な雰囲気を醸し出している。

　このような暗渠ストリートでは、川の地形や高低差が、近隣の街路とのコントラ
ストを生み出している。暗渠ストリートは道幅が狭くて段差が多いため車が入りにく、
時が経つと自然と歩行者専用になっていくことが多い。モーツァルト通り〜ブラームス
の小径の暗渠に面する31の建物のほとんどは、それらの通りからではなく、裏側にあ
る別の通りから直接車でアクセスできるようになっている。東京の多くの閑静な地域
と同様に、幾重にも複雑に張り巡らされた裏通りは、これらの道をよく知っているドライ
バー以外に使われることは少ない。そのため、こうした裏通りは、法律で歩行者専用
道路として指定されていなくても、事実上、歩行者専用として使われている <u>図5-10</u>。

　何十年にもわたって、この小径は独特な都市環境を生み出してきた。この小
径を歩けば、緑、通りに張り出すバルコニー、通りからつながる階段、通りにあふれだ
す看板や植栽など、まるで映画のシーンが連続するように、この通りを特徴づける多
様なコンテンツに出会える <u>図5-11,12</u>。この小径は、変化に富む地形、狭さ、歩きやすさ
などが合わさって、思いがけない静謐さを湛えた都市のオアシスとなっている。

5.5　代々木の裏通り──住宅街のプライベートとパブリックの狭間

Case 11

　山手線の代々木駅のそばに、南は首都高速道路新宿線の高架下から北
は小田急線との交差点まで、約500mにわたって伸びる暗渠ストリートがある。東京
の多くの裏通りと同様に、この通りにも名前がない。周囲の建物は2〜8階建程度で、
一戸建の住宅と集合住宅が混在している。法規制に準じて、最小でも幅4mになる
ように拡幅した区間もある（6章で詳しく説明する）一方で、既存のまま残されていて車が
入れないほど狭い区間もある。その結果、この通りは事実上、歩行者専用道路となっ

図 5-4　　モーツァルト通り〜ブラームスの小径の変遷（1：5,000）　　　　0　　　　50m

1930

明治神宮の境内から明治通りに向かって小川が流れている。この地域は今でも住宅が多い。

出典：東京府豊多摩郡千駄ヶ谷町全図
（川流堂）

明治神宮から
流れる小川

明治通り

山手線

原宿駅

表参道

//// 建物群

1958

小川はすでに部分的に暗渠化されており、隣接する住宅は次々とマンションに変わっている。

出典：清水靖夫編
『明治前期・昭和前期東京都市地図1958』
（柏書房，1996）

明治通り

原宿駅

//// 建物群

1980

原宿の名所となった竹下通りは、その入口の向かい側に駅の新しい出口ができたことで本格的な商業エリアとなり、エリア全体がさらに高密度化していく。その影で、隣接する暗渠ストリートはゆったりとした親しみやすい雰囲気を醸し出している。

出典：住宅地図（ゼンリン，1980）

竹下通り

竹下口

明治通り

モーツァルト通り〜
ブラームスの小径

原宿駅

2019

高密度化・商業化が進むなか、この暗渠ストリートは隠れた都会のオアシスとなっている。

出典：住宅地図（ゼンリン，2019）

竹下通り

竹下口

明治通り

モーツァルト通り〜
ブラームスの小径

原宿駅

図 5-5　代々木の裏通り
（2020年2月）

ている 図5-13。

　　　この代々木の暗渠ストリートは、江戸時代につくられた広域の農業用水網の一部であった小さな水路を起源とする。これらの農業用水路の大部分は1932年に道路に変更されて、この水路だけが残っていたが、1960年代のオリンピックブームの際に覆われて暗渠となった。大規模なマンションから小さな一戸建まで、さまざまな建物がこの暗渠ストリート沿いに建っているが、その多くはこの通りと並行して走る道路から車でアクセスできるため、この通りは地域の共有空間としての路地裏のような役割を果たしている。それにより近隣の人々は車に脅かされることなく、そこを生活空間の延長として使ったり、散歩したり、自転車で移動したりしている 図5-14。マンションはこの裏通りに対して背を向けがちだが、小さな住宅は、ドア、窓、仮設のベランダ、物干し竿、植木鉢、自転車など、さまざまなものを介して裏通りと接している。6章で論じる低層密集地域の狭い路地にも見られるこうした要素のあふれだしが、通り沿いに「活気あるエッジ」を生み出している 図5-15,16。

　　　こうした住宅地の裏通りに道路拡幅などの制度をやみくもに適用してしまうと、結果的にその独自の特徴を壊してしまうことになるだろう。したがって、歩行者中心の住宅地の裏通りとして維持するためには、各々の場所の特性を活かしたビジョンが必要になる。このような裏通りは、ゴミが溜まったり犯罪が発生したりしやすいネガティブな空間だと批判されることが多い。しかし現在では、多くの都市で、その潜在的な可能性が再発見されつつある。裏通りは、子供も大人も安全に運動や遊びを楽しむことができる、ヒューマンスケールのコミュニティ空間、プライベートな生活空間とパブリックな都市空間をつなぐ中間領域としても活用されている。多くの家の前に置かれた小さな植栽が集まることで、公園の少ない都市の中に、緑の回廊をつくりだし

図 5-6　　代々木の裏通りの変遷（1:5,000）　　　0　　　　50m

1941

東京都区部の西側の多くの地域と同様に、この住宅地の街路は既存の農地のパターンを受け継いでいる。道路や小道は、かつての田んぼの用水路から生まれたもので、1本の小川だけが残っている。

出典：渋谷区全図（内山模型製図社, 1941）

////// 建物群

1969

戦後、マンションや商業施設が急速に密集していく。迷路のように密集した低層の住宅の間に戦後に計画された道路が新設された。

出典：商工住宅名鑑 渋谷区（北部）
（東京地図社, 1969）

////// 建物群

1980

広くなった大通りには大きなコンクリート造の建物が並んでいる。小川は完全に蓋をされ、低層の住宅に囲まれて、裏通りのような性格を帯びている。

出典：住宅地図（ゼンリン, 1980）

2019

代々木の裏通りは、今でも親しみやすい路地のままである。最近では、暗渠に背を向けて立つマンションも増えている。

出典：住宅地図（ゼンリン, 2019）

ている。代々木の裏通りでは、こういった利点のすべてを見ることができる。巨大な都市開発が進むなかで見過ごされてきた、こうした人間の暮らしにとって欠かせない都市の潤いを守り育てていくことは、これまで以上に喫緊の課題となっている。

5.6 九品仏川緑道――緑地に変えて実現した豊かなパブリックライフ

　自由が丘の「九品仏川緑道」を訪れた人は、まずベンチがたくさんあることに驚くだろう。公共の場で座ることが制限されている日本では、極めて珍しいことだ。さらに、これらのベンチは、世界中の都市で一般的になってしまった、ホームレスを排除するデザインにはなっていない。歩行者が立ち止まらずに歩き続けることを前提とした都市の中で、この緑道は誰もが座ってゆっくりくつろげる場所を提供している。

　ベンチは、この緑道の自由度の高さを示す一つの指標にすぎない。この緑道は、数十年を経て、汚染された川から活気あふれる公共空間へと劇的な変化を遂げた。現在の九品仏川緑道の状況は、トップダウンのビジョンに基づいてつくられたものではなく、多くの関係者の努力で法律で街路ではなく緑地として指定することで生み出されたものだ。特に意図したわけではないが、その過程で、この緑道の独自のアイデンティティが形成されていった。そういった意味で、この緑道には、暗渠ストリートを面白くする要素がすべて含まれているとも言えるだろう。

　幅11mの緑道の中央には、かつてあった川と同じ幅の歩道が整備され、それに沿って桜の木やベンチが設置されている。しかし、実際には緑道全体が歩行者専用になっている。緑道沿いに並ぶ4〜5階建の低層の建物は自然光を取り込み、暑さが厳しい夏には木々が日陰をつくってくれる。この暗渠ストリートの主要な商業ゾーンである300mの区間には、200以上のベンチが設置されている 図5-17 。

図 5-7　　九品仏川緑道
（2019年7月）

図 5-8　　九品仏川緑道の変遷(1:5,000)

0　　　　　50m

1937
自由が丘駅で交差する2本の鉄
道が開通すると、駅の北側には
商業地区が形成され始めるが、
川沿いは農地のままである。
出典：清水靖夫編
『明治前期・昭和前期東京都市地図1937』
(柏書房，1996)

///// 建物群

1972
戦後に復興した商業地は川の北
側まで伸び、地域全体が都市化
していく。
出典：目黒区全住宅案内地図帳
(公共施設地図航空，1972)

1990
1974年に川は暗渠化され、その
上に新しい緑道ができた。緑道
沿いの家々は、次第に商業施設
に変わっていく。
出典：住宅地図(ゼンリン，1990)

2019
緑道は地域の地区計画と一体
化したデザインで拡張し続けて
きた。人々が集い、くつろぐこと
ができる歩行者に優しい空間と
なっている。
出典：住宅地図(ゼンリン，2019)

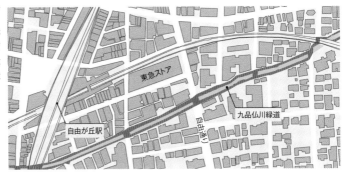

九品仏川に沿って伸びる緑道は、多くの他の暗渠ストリートと同じような歴史的変遷を辿った。周辺の地域は、かつて水田が広がる湿地帯で、衾村という民家が散在する村だったが、1927年に東京横浜電鉄(現在の東急電鉄)が線路を敷設してから、周辺に住宅が密集し始めた。東京の多くの郊外住宅地と同様に、この地域も関東大震災以降に急速に開発された。1945年の空襲により、この地域の商店街の多くが焼失したが、戦後の高度経済成長に伴い、再建されて繁栄した。

　1964年のオリンピックに向けて急遽覆われた都心部の暗渠ストリートとは異なり、九品仏川は1974年になってようやく暗渠化された。他の多くの河川と同様に、開発は人口増加による圧力の結果であり、近隣の産業によって川の水はすでにひどく汚染されていた。そこで、世田谷区は、新しく覆われた路面を公式に「緑地」に指定し、そこが主に公共利用のための場所であることを明示した。街路(歩道を含む)は通常、法的に「道路」に分類され、国の行政機関である警察庁の管轄下にある。一方で、「緑地」は自治体の管轄下にある。

　当初、この新しく覆われた川は、あまり公共空間らしくなかった。暗渠と両側の舗装面には高低差があり、中央の「緑地帯」はフェンスで囲まれていたからだ。1992年、自由が丘の商業エリアの継続的な拡大を受け、世田谷・目黒の両区と奥沢地区協議会によってフェンスが撤去され、街路の両側の舗装の高さを均一にする改良事業が実施された。この街路の中心が世田谷区と目黒区の境界線になっていたため、これは異例とも言える複雑な事業だった。ところが、その舗装された路上は、禁止されていたにもかかわらず、買い物客や通勤者が駐輪場として使うようになった。

　しかし、地元の商店街は、駐輪場ではなく緑道を望んでいた[81]。そして、そのジレンマの解決策を地元の祭りで発見したのだ。彼らは、祭りの客席として置いた椅子が、偶然にも違法駐輪を防ぐ効果があることに気づいたのだ。やがて、商店街振興組合は緑道沿いにベンチを置く権利を求めて、熱心に区と交渉するようになった。行政にとって、違法駐輪の問題が解決するのは喜ばしいことだったし、自分たちでベンチを購入して設置するという組合員たちの申し出に反対する理由はなかった[82]。その結果、現在のような緑道ができあがった 図5-18,19 。

　新しく生まれた緑道沿いの店舗には、家族連れに人気のテラススペースがあり、日中は木陰で遊ぶ子供たちを見かけることも多い 図5-20 。夜になると、デートをするカップルや、お酒を楽しむグループが徐々に増えていく。九品仏川緑道のストリートライフは、行政による従来の都市計画だけでできあがったものではない。最初は地元の商店主たちが積極的に変容を促し、やがて行政にも受け入れられて、最終的には活気に満ちた、誰もがくつろげるインクルーシブな公共空間ができあがったのだ。

5.7 暗渠ストリートから学ぶこと

暗渠ストリートは、周囲の都市構造を良い意味で分断し、臨機応変に介入できる曖昧な空間をつくりだしている。個々の状況は異なるものの、一つのカテゴリーとして見ると、いくつかの明確な「創発的」特性を示している。

5.7.1 住民のニーズに合わせてカスタマイズされた個性的な共有空間

多くの暗渠ストリートでは、プライベートとパブリックの間にある曖昧な状況を、住民たちが自分たちの目的のためにうまく利用している。水路沿いの敷地には、暗渠化によって道路に接する新たな入口や、軒、窓、庇、増設のベランダが設けられ、小さな草木、自転車、洗濯物、子供の玩具などがあふれだし、各住民のニーズに合わせて個性的にカスタマイズされることで、人々の交流を促すオープンなファサードが生み出されている。東京の低層密集地域でよく見られるように、人々の生活領域が狭い路地に滲み出しているのだ。

5.7.2 都市のウォーカビリティを高める

ほとんどの暗渠ストリートは歩行者専用であり、細長い小さな公園になっていることも多いため、日本の道路に適用される規制から、法的に、あるいは「実質的に」除外されている。未だに自動車交通に支配されている都市において、暗渠ストリートはウォーカブルな都市の新しいタイポロジーを提示している。それらは東京の公共空間の潜在的な可能性を示していると言える。

5.7.3 計画的につくられた都市構造からはみ出し、知的好奇心を誘う

暗渠ストリートは、計画的につくられた都市構造からはみ出した、形も機能も変則的で、非合理的で、謎めいた空間だ。河川の痕跡から東京の都市の変遷を理解することには、考古学的な楽しみもある。これらの流れるような通りには、地下水で潤う苔や、かつてそこにあった橋の欄干の断片など、水路としての面影が残っていることが多い。そこに重なる無数のレイヤーを発見し分析することを楽しむ「暗渠研究」というサブカルチャーを生み出すほど、暗渠の魅力は尽きない。

5.7.4 用途を固定しない冗長な空間が自由な活動を促す

戦後にできた東京の暗渠ストリートのほとんどは、厳密に言えば不要なものだ。それらは主要道路としては機能しないし、放置されたままのものもある。しかし、地域の裏通りや公共の遊歩道として発展したものも多い。たとえば、モーツァルト通り〜ブラームスの小径の暗渠は、原宿の雑踏の中の細長いオアシスとして生まれ変わり、代々木の裏通りの暗渠は住宅街の安全な路地裏として住民に日常的に利用されている。自由が丘の九品仏川緑道は、さまざまな世代が集まる屋外のリビングルームのようだ。暗渠ストリートの持つ冗長性は、そこで生まれる自由な活動を誘発してきた。特定の用途や目的に縛られない場所は、どんな場所にでもなれるのだ。

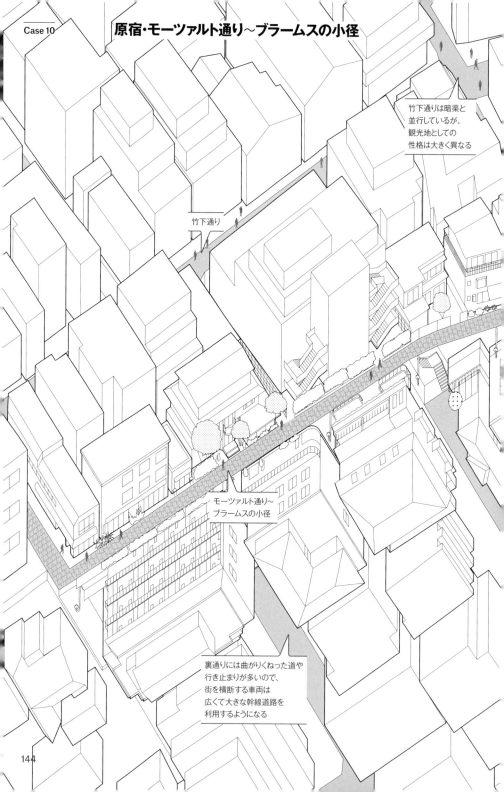

原宿・モーツァルト通り～ブラームスの小径

竹下通りは暗渠と
並行しているが、
観光地としての
性格は大きく異なる

竹下通り

モーツァルト通り～
ブラームスの小径

裏通りには曲がりくねった道や
行き止まりが多いので、
街を横断する車両は
広くて大きな幹線道路を
利用するようになる

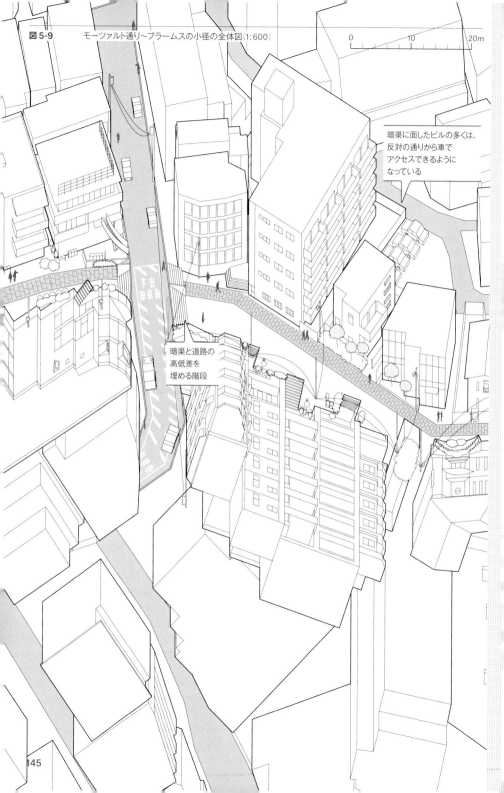

図 5-9　モーツァルト通り～ブラームスの小径の全体図（1：600）

0　　　　10　　　　20m

暗渠に面したビルの多くは、
反対の通りから車で
アクセスできるように
なっている

暗渠と道路の
高低差を
埋める階段

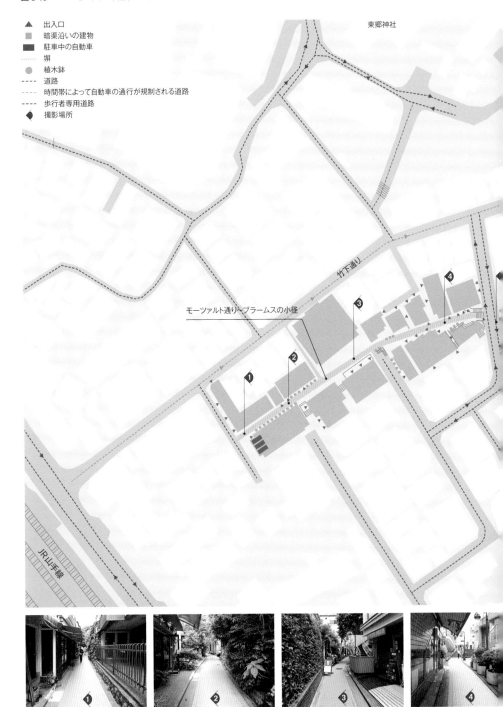

図 5-10　モーツァルト通り～ブラームスの小径におけるマッピングとシークエンス（1:1,500）

▲　出入口
　　暗渠沿いの建物
■　駐車中の自動車
……　塀
●　植木鉢
----　道路
----　時間帯によって自動車の通行が規制される道路
----　歩行者専用道路
◆　撮影場所

東郷神社

竹下通り

モーツァルト通り～ブラームスの小径

JR山手線

明治通り

0 20m

図 5-11　　モーツァルト通り~ブラームスの小径の断面パースA（1:80）

0　　　　1　　　　2　　　　3m

キープラン

A

B

テラス席

暗渠に開かれた
レストラン

小さなガーデニング

図 5-12　　モーツァルト通り～ブラームスの小径の断面パースB（1:80）

0　　　1　　　2　　　3m

階段を使って暗渠から
直接2階の店舗に
アクセスできる

各階に店舗の
入口がある

狭い暗渠は
自動車の侵入を妨ぎ
歩行者中心の空間を
実現している

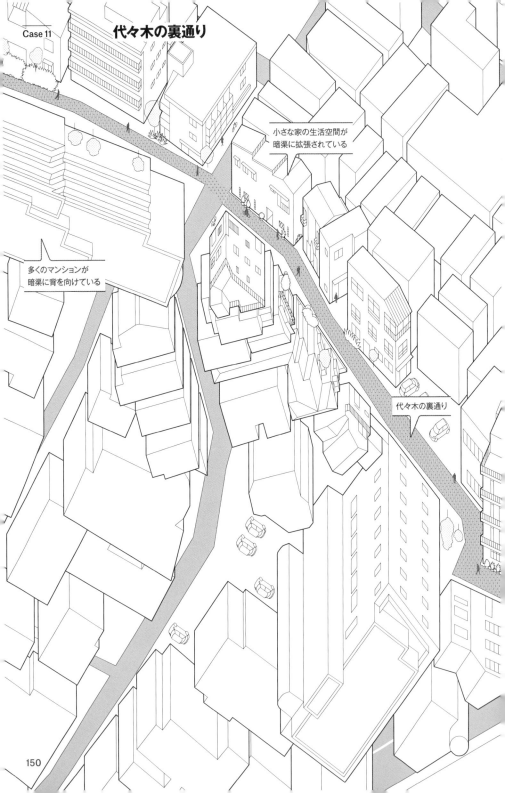

代々木の裏通り

小さな家の生活空間が
暗渠に拡張されている

多くのマンションが
暗渠に背を向けている

代々木の裏通り

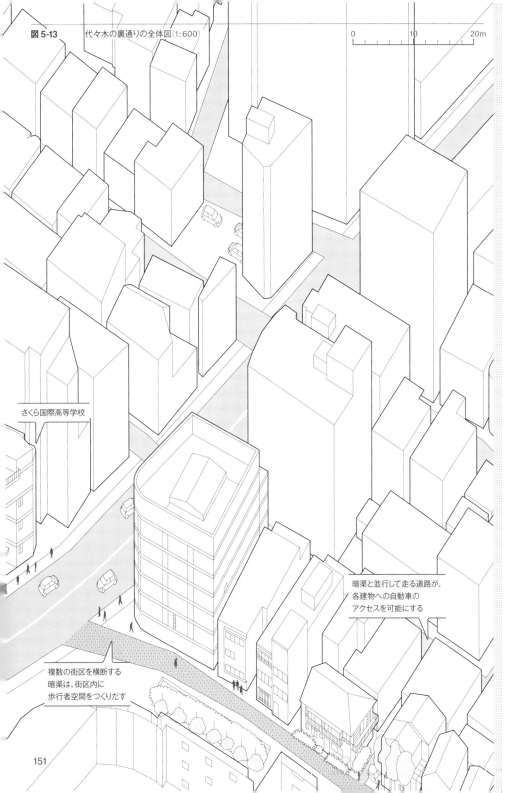

図 5-13　代々木の裏通りの全体図（1:600）

0　　　　　　10　　　　　　20m

さくら国際高等学校

暗渠と並行して走る道路が、
各建物への自動車の
アクセスを可能にする

複数の街区を横断する
暗渠は、街区内に
歩行者空間をつくりだす

図 5-14　　代々木の裏通りにおけるマッピングとシークエンス（1：1,500）

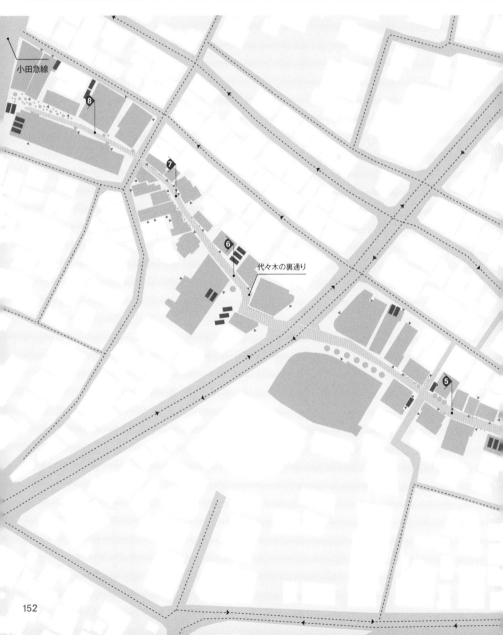

小田急線

代々木の裏通り

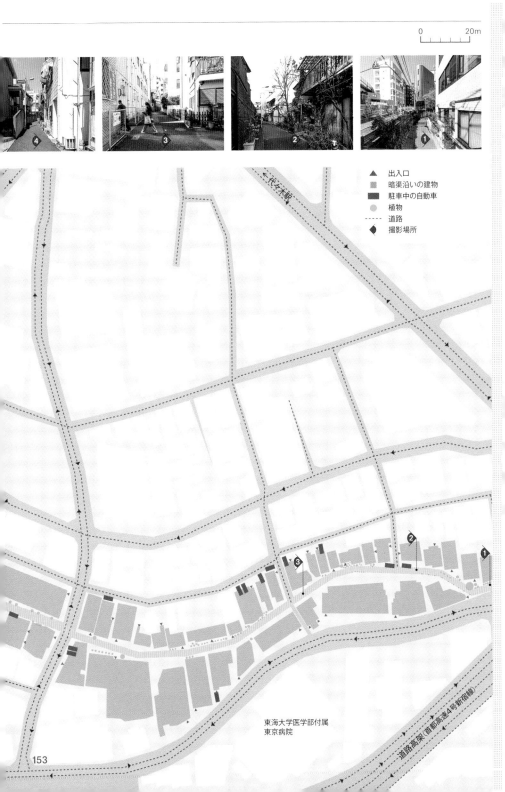

図 5-15 代々木の裏通りの断面パースＡ（1:40）

0   1m

キープラン

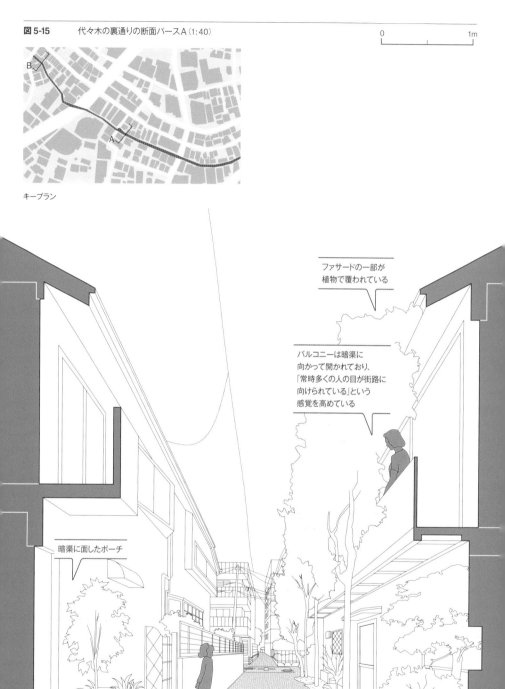

ファサードの一部が
植物で覆われている

バルコニーは暗渠に
向かって開かれており、
「常時多くの人の目が街路に
向けられている」という
感覚を高めている

暗渠に面したポーチ

図 5-16　　代々木の裏通りの断面パースB（1:40）　　　　　　　　　0　　　　　　　1m

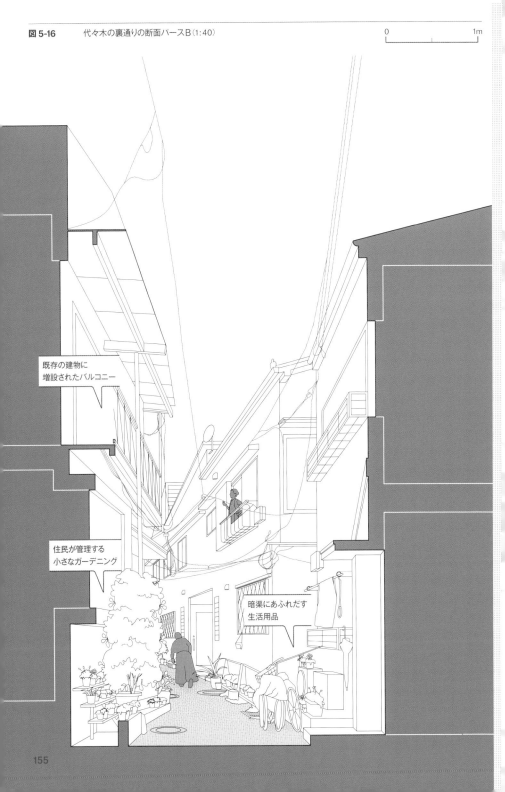

既存の建物に
増設されたバルコニー

住民が管理する
小さなガーデニング

暗渠にあふれだす
生活用品

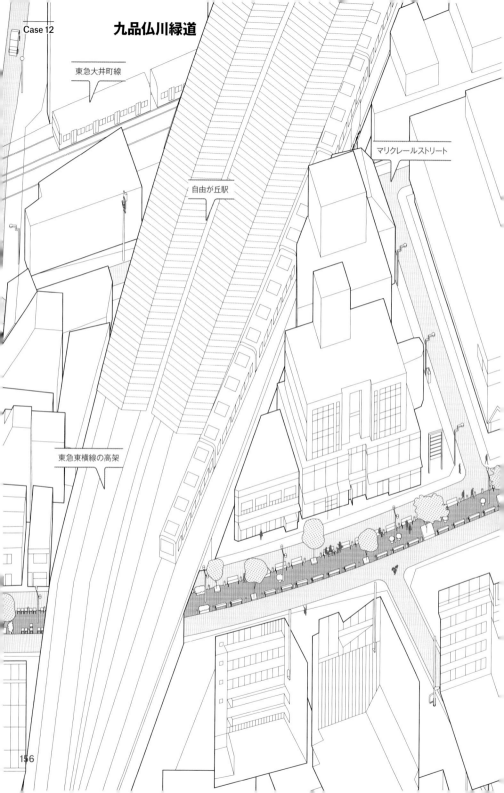

九品仏川緑道

東急大井町線

自由が丘駅

マリクレールストリート

東急東横線の高架

図 5-17　　九品仏川緑道の全体図（1:600）

栗の木通り

九品仏川緑道

0　　　　　10　　　　　20m

図 5-18　　九品仏川緑道におけるマッピング（1:1,500）

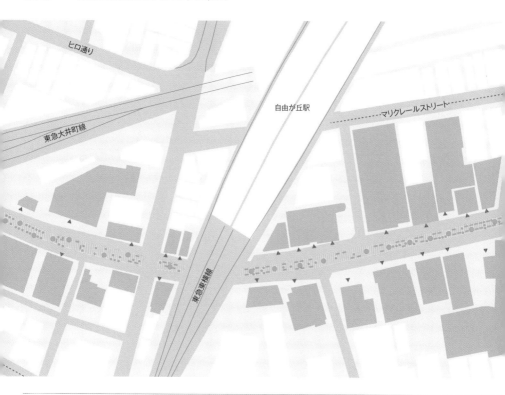

ヒロ通り

自由が丘駅

マリクレールストリート

東急大井町線

東急東横線

図 5-19　　九品仏川緑道におけるシークエンス（1:6,000）

自由が丘駅

0　　　　　　20m

九品仏川緑道

出入口
暗渠沿いの建物
駐車中の自動車
植物
道路

0　　　　　100　　　　　200m

撮影場所

図 5-20　　九品仏川緑道の断面パース（1:80）

キープラン

この地域の地区計画は、
建物の高さや壁面後退を
規定することで、
緑道の特徴を維持することを
目的としている

充実した
ショーウィンドウ

春になると緑道沿いの
桜が咲き乱れ、
お祭りのような
雰囲気が生まれる

MELSa

FLIPPER'S

多くのベンチが置かれている

鳩が多いが、
餌を与えることは
禁止されている

ほとんどの店舗は、
緑道に向かって
大きなガラス窓を
構えている

緑道沿いのテラス席

6

低層密集地域
DENSE LOW-RISE NEIGHBORHOODS

図 6-1　品川区の
第二京浜沿いに立つ
高層ビル群の背後には、
低層住宅が密集している。
写真右：東中延
写真左：戸越
（2020年9月）

6　低層密集地域

DENSE LOW-RISE NEIGHBORHOODS

6.1　都市を埋め尽くす膨大な住宅

　　ステレオタイプな東京のイメージは、極めて高い人口密度、斬新な現代建築、ネオンで彩られた繁華街といったところだろう。しかしそれは、東京の現実を反映してはいない。実際、長年東京に住んでいる人に、最も東京らしいと思う場所はどこかと尋ねてみると、大抵は「地域生活に密着した住宅地」という答えが返ってくる。こうした地域には狭い通りや小さな戸建住宅が多く、活気に満ちた大都会というよりも、静かな村のような雰囲気を持つところも多い。そして、東京の比較的人口密度が高い地域では、小さな敷地一杯に建てられた戸建住宅がひしめきあい、きめ細かい低層の都市構造をつくりだしている 図6-1 。実際、これらの地域は、整然としたグリッドではなく、目まぐるしく動くテトリスのような配置になっているので、アフリカ、アジア、南米のインフォーマルな市街地(いわゆる"スラム")の様相と比較されることもある。しかし、一見無秩序のように見えても、それはボトムアップによって自然に形成された結果であり、それが「低層密集地域」の住みやすさをつくっているとも言える。

　　低層密集地域は、これまで防災上の危険性は注目されてきたが、一方でその魅力、特に狭い路地や住戸間に隙間が多数残されている独特なレイアウトが、日常生活に果たす役割についても研究成果が蓄積されてきた[83]。これらの空間的特性と日常生活との関係性を見ていくことで、東京の都市生活の独特なリズムがどのように形成されているかを知ることができる[84]。

6.2　低層密集地域とは？

　　「低層密集地域」とは、具体的に何を指すのか？ どの地域がそれに該当するのか？ 実在する都市現象を明確な類型に分類し定義することは、必ずしも容易なことではない。しかし少なくとも、大まかな基準を設定することで、この現象の輪郭やスケールを感じとることはできるだろう。これらの地域は、「高い人口密度」「低層」「住宅地」という三つの条件に当てはまり、概して「ヴィレッジ・トーキョー」[009頁参照]、「ローカル・トーキョー」[009頁参照]、「ポケット・トーキョー」[011頁参照]に見られる。20,000人／km²の地域を「高密度」、3階建以下の建物を「低層」と定義し、これらの条件に当てはまる住宅地をマッピングすると、明確なパターンが浮かび上がってくる[85] 図6-2 。

　　これらの低層密集地域は、JR山手線の外側に環状に広がっており、明らか

に東京23区西部に集中している。山手線の内側では北部に集中しているが、南部にも局所的にいくつかある。それらは、東京都が災害の影響を受けやすい「木造密集地域」と指定する地域とほぼ重なっている。これらの地域は、二つの緊急の課題に直面している。道路が狭いために車の通行が困難であること、そして建物が脆弱で火災や地震などにより深刻な被害を受ける危険性が高いということだ。

　　　低層密集地域には、昔からの狭い路地が多数存在し、そのほとんどが建築基準法で定められている最小道路幅の4mに満たない。さらに、数十年にわたって有機的かつ自発的に形成されてきたため、行き止まりの道や不整形な土地が多く、迷路のような様相を呈している。日常生活においてはそのような特異性は魅力となるが、それらがもたらす防災上の課題は非常に深刻なものだ。

　　　低層密集地域に立つ建物は木造なので非常に燃えやすく、最新の耐震基準を満たしていないため地震で倒壊する恐れもあり、その膨大な数と密度の高さが問題となっている。日本には広大な森林と木工技術の長い伝統があるため、木造建築は最も安価で一般的な住宅の工法だ[86]。低層密集地域に立つ住宅は、一般的にモルタル、金属板、あるいは現在の主流であるレンガや石の外観を模した窯業系サイディングなどで外壁を覆うため、伝統的な「木造建築」には見えない。これらの外装材はある程度の防火機能はあるものの、特に高密度の都市環境では下地の木構造が火災を引き起こす可能性がある。

　　　低層密集地域は、かつては今以上に密集していた。京都や金沢に見られる

図 6-2　　東京23区の
　　　　　低層密集地域
　　　　　（1:375,000）

　　●　　　低層密集地域
　　───　JR山手線
　　------　区境

ように、昔の木造の長屋や町家は住戸がつながり、欧米のテラスハウスのように、道路沿いに連続したファサードを形成していた。しかし、1919年に制定された市街地建築物法では、火災時の飛び火を防ぐために建物と建物の間に一定の距離を設ける規定が定められ、1950年に制定された建築基準法では、ほとんどの場合、建物同士は接触してはならないという規定に拡大された[87]。その結果、建物が密集する地域であっても、建物と建物の間に無数の小さな隙間が生まれた[88]。

　なぜ、低層密集地域の課題は何十年も解決されずにきたのだろうか。行政もそれなりに対策をとってきた。1950年に制定された建築基準法では、道路の狭さを解消するために、壁面後退の義務を定め、狭い路地沿いで住宅の建て替えを行う土地所有者に、道路の中心線から少なくとも2m以上離して新しい壁を建てることを義務づけた。これは、路地に面したすべての土地所有者が片側2mずつ住宅を後退させることで、結果的に幅4mの道路をつくることを目的としていた[89]。しかし、法律制定から70年経っても、多くの路地は変わらないままだ。土地所有者は、公共の利益という名目のもとに、床面積を減らして住むことになる壁面後退の義務に抗い、貴重な床面積を維持するために、さまざまな法的戦略や抜け道を用いることが多い。

　実際、壁面後退の規定を回避する最も一般的な方法は、古い家を「建て替える」のではなく、「改修」することだ。日本の法律では、「改修」の基準が緩いため、元の建物の構造要素をいくつか残しておけば、大幅な改変も可能なのだ。ギリシャ哲学の有名な「テセウスの船」のパラドックスのように、「改修」された家は元の建物の要素をほとんど残していないことが多く、法的には同じ建物のままでありながら、すっかり現代的な内装と外装になっている。

　こうして壁面後退を義務づける政策は、低層密集地域で逆効果をもたらした。つまり、建て替えではなく改修が推進されたことで、多くの建物が木造の構造要素を維持し、燃えやすいまま残されてしまったのだ。さらに、土地所有者が建て替えを避けると、建物は最新の耐震基準に合わせて更新されない。耐震基準を満たすには、一般的に建物の基礎部分を改良する必要があるが、改修工事でそれを行うことは難しく、コストもかかる。その結果、多くの地域では、迷路のように入り組んだ狭い路地に、燃えやすく脆弱な建物が立ち並んだままになっている。

　しかし、低層密集地域の住宅の所有者たちを擁護して言うと、彼らが抵抗するのは、自分の利益のためだけではない。壁面後退をしないことで狭いまま残された路地は、地域の共同生活で重要な役割を果たしているからだ。多くの市民グループは、「角を矯めて牛を殺す」ことのないように、大切な路地を維持しつつ、他の手段で災害に対する回復力を高めることを望んでいる。東京は、地域の脆弱性に対処する

と同時に、何十年、何百年かけて形成されてきた地域社会のコミュニティを維持するという課題に直面している。

　　　　低層密集地域の特徴は、必ずしも個々の道路や住宅にあるわけではなく、それらがうまく組み合わさった状況で生まれることが多い。率直に言って、これらの地域にある住宅のほとんどは、建築としては凡庸なものだ。日本の伝統的な木造建築は有名だが、都市部の歴史的な地域でも、そのような住宅は少ない。ここで問題になっている住宅のほとんどは、数十年前に建てられた欧米の郊外住宅を模倣したプレハブ住宅だ。日本の緩い建築規制では、断熱材や二重窓の設置は義務づけられていないので、夏や冬にはあまり快適とは言えない。しかし、こうした平凡な住宅であっても、それが集積して近隣地域を構成するようになると、大きな影響力を発揮する。

6.3　　　　低層密集地域の魅力

　　　　低層密集地域がなぜ有益なのかを分析するにあたって、ここではそれらの利点を「適応性の高い都市構造」「交通の利便性」「活気ある地域生活」という三つのカテゴリーに分けて考えてみたい。

　　　　低層密集地域は、個性を受け入れ、時間の経過に伴う自然な変化を許容するという点で、他に類を見ない柔軟性を持っている。同じような低層密集住宅であるテラスハウスなどとは異なり、それらの住宅はすべて一戸建なので、他の住宅や道路との関係を考えながら柔軟に配置することが可能である。また、木造住宅の平均寿命は30年と短いため、所有者の存命中に建て替えるのが一般的だ。さらに、日本の用途地域に関する寛容な規制によって、土地の所有者は比較的自由に不動産を活用することができるため、住宅以外の用途で使われることも多い。閑静な住宅地の路地にも、上階に店主一家が住む個性豊かな個人経営の店が点在している。

　　　　低層密集地域は、自動車交通に依存する孤立した郊外とは違う。郊外のような静けさと、鉄道網を利用して都心へ1時間以内でアクセスできる交通の利便性が両立している。各駅周辺の商業中心地では、病院や診療所、学校、商店街などの幅広いサービスが提供されており、地元住民が日々の用事をスムーズに済ますことができるようになっている。一般的にこれは、郊外路線沿いの地域にまとまった不動産を所有している鉄道会社が意図的に計画した結果である。近年、欧米の都市研究者や交通研究者は、この統合型モデルの強みを評価し、「公共交通指向型開発」(TOD)と名づけて推奨している。しかし日本では、これは100年前から当たり前のこととして行われていた。

　　　　最後に、低層密集地域の魅力として、そこで醸成されてきたコミュニティが挙げられる。日本の都市部には、住民が地域社会を良くする活動に参加するという伝

統が何世紀にもわたって受け継がれてきた。その伝統がパブリックマインドやコミュニティ意識、シビックプライドを育んできた。公共の緑は少ないが、住民自身が植木鉢やプランターで臨機応変に緑の空間をつくっている。道路は、行政のサービスのみに頼るのではなく、住民1人1人の努力によって清潔に保たれており、近所の人々は支えあっている。こうした地域の活動の多くは、高齢者が自主的に行っているが、体力が必要な祭りなどは、若い人たちが地域生活に参加するきっかけになる。

6.4　政策や経済の複合的要因で変質した住宅地

　　江戸時代から東京（江戸）では低層密集地域は一般的だったが、現在の低層密集地域は、1920〜30年代にかけて、東京の鉄道沿線に郊外住宅地が爆発的に開発された結果生まれた。これらの郊外住宅地開発の多くは（少なくとも理論上は）大きな街路と公園が整備された低密度の環境に広々とした戸建住宅を建てるという、イギリスの「田園都市」を目指してつくられた。しかし、1世紀にわたる変遷の過程で、それらは田園住宅モデルとは大きく異なるものになっていった。戦後、特に1960〜70年代の高度経済成長期に、郊外住宅地開発は加速し、東京の多くの地域では地価が急上昇して数年のうちに膨大な土地が開発された[90]。この目まぐるしい変化に巻き込まれた多くの地域では、一貫した道路計画がなかったため、既存の有機的な都市パターンに沿って開発が行われた。これらの住宅地は立地も歴史も異なるものの、マクロなレベルで見ると、数十年の間に同じ方向性で形成されてきた。その典型的な結果は、大規模な建物が立ち並ぶ幹線道路に囲まれた小さな村のようなエリアの出現であり、「スーパーブロック」と呼ばれる都市構造だった。

　　これらのスーパーブロックは、戦後の日本の復興の副産物として形成された。戦後、東京都は数十年かけて環状・放射状の幹線道路網を段階的に整備することを計画し、そのほとんどを完成させた。4〜6車線の広い道路は、網状に張り巡らされた既存の狭い通りや路地とは対照的だった。東京都が道路拡幅に力を入れていたにもかかわらず、そうした既存の道路は依然として狭いままだった。1981年以降、東京都が「延焼遮断帯」の構築を促進する施策を打ち出し、スーパーブロックの形成はさらに促進された。この構想では、ブロック内の古く燃えやすい建物が密集する地域は、外縁部を頑丈で高層の建物で囲み、広い環状道路に向かって開かせるよう計画されている。これらの高層建築は、法律で定められた厳格な防火規制に適合しており、実質的に地区間の耐火壁を形成している。こうした施策は、スーパーブロックの外縁部に沿って高層建築を配置するという傾向をさらに加速させた。

　　東京の低層密集地域の現状は、トップダウンのビジョンではなく、多くの異なる要素が複合的に作用した結果である。敷地面積の縮小や自動車保有台数の

増加によって、かつて住宅の前庭だった空間はなくなるか、別の用途に転用されることが多くなった。それと同時に、長年にわたる建築基準法の改正によって、容積率の高い住宅を建てられるようになり、さらに集中的な土地利用が可能になった。

　　高度経済成長期には、低層密集地域の土地を分割する動きが急速に進んだ。さらに、高額の相続税の導入も重なり、相続した土地には状況によっては50％もの税率が課された。そして、それを一括で納めなくてはならないことが多かったため、家長の死後、土地をさらに分割して親族に分配したり、一部を売却して、相続税を抑える家族も多かった。分割されて土地が小さくなると、当然、家も小さくなる。こうしてかつて中流・上流階級が土地を所有していたエリアに、低所得者層が次第に移り住むようになった。現在に至るまで、東京都の各区では、最低敷地面積を設定するという試みはごくわずかしか行われておらず、建築基準法には区画の細分化に関する制限や指針はない。現在、区画の細分化に関して準拠すべき唯一の規定は、建築物の敷地は道路に2m以上接道していなければならないということだけだ。

　　このような土地分割の弊害として、多くの地域で緑が失われつつある。住居専用地域では、建ぺい率が30〜60％に設定されるのが一般的だが、建物と隣地境界線との間に一定の距離を確保しなければならないという規定がある。そのため、ほとんどの場合、建物が建たない残りのスペースは、庭というよりは隙間として残されている。敷地の縮小に加えて、従来は庭として使われていた住宅前のスペースは駐車場として使われることが増え、かつて前庭の緑で美しく彩られていた道は、車とアスファルトで埋められてしまった。

　　地図 ▨6-2 に示すように、低層密集地域は東京23区のほぼ全域に広がっている。それらは東京で最もありふれた風景の一つであり、非常に住みやすい環境が形成されている。しかし、これらの場所が生活の場として成功しているとはいえ、都市デザインのビジョンの直接的な成果ではないため、行政は、低層密集地域をどのように持続させていくかについて構想を描けていない。防災のためには道路を拡幅しなければならないが、その結果、地域に連帯感をもたらしていた狭い路地の親密な雰囲気がなくなってしまうことも多い。

　　本章では、関東大震災後に都心から郊外へ逃れた人々が移り住んだ東中延 ▨6-3,4、明治時代に工業用地として開発された月島 ▨6-5,6 、低層・中層・高層の建物が混在する北白金 ▨6-7,8 の三つの事例を通して、低層密集地域の優れた特性と、それらが直面している大きな課題の両方を解説する。ここでは「純粋な」低層密集地域ではなく、一定数の低層住宅と高層建築が混在するエリアに焦点を当てる。それで、東京の低層密集地域の重要な特性を明らかにするだけでなく、それらが隣接する高層建築とどのように作用しあっているかについても考察したい。

東中延──都心周縁に広がる典型的な生活空間の集積

　　都心から少し外れて立地する低層密集地域の事例として、特定の地域を選ぶことは難しい。なぜなら、東京の大部分の住民の日常生活の場であり、「低層密集」という基本条件を満たせば、ほとんどどんな地域でも代表例になりうるからだ。なかでも、品川区東中延2丁目（以降、「東中延」と表記）は、その好例だろう。この地域の人口密度（26,633人／km²）[91]はこのような住宅地では一般的であり、通常は商店街に沿って地域商業が集積し、公共交通機関を利用する住民も多い。この条件に適合して

図6-3　東中延（2019年7月）。狭い通りのほとんどは、プランターや鉢植えが散りばめられた静かな住宅街（A、B）。広い通りには自動車は少なく、歩行者や自転車と空間を共有している（C）。商業店舗はアーケード商店街に集中している（D）。

A

B

C

D

図 6-4	東中延の変遷(1:10,000)	0　　　　100m

1909　郊外に位置し、竹林の中に数軒の住宅が点在している。

出典:東京西北部、明治42年測量
(大日本帝国陸地測量部,1929)

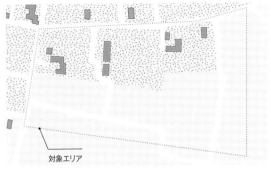

⠂⠂⠂ 竹林　　　　　　　　　　対象エリア

1929　1927年に東急大井町線の中延駅と東急池上線の荏原中延駅が開通したことで、急速に都市化が進んだが、この時点ではまだ人が住んでいない土地も多い。東京の西側の住宅地開発では、新築に備えて既存の道路を利用しながら、碁盤の目のように新しい道路が整備された。

出典:東京西北部(大日本帝国陸地測量部,1929)

 建物群

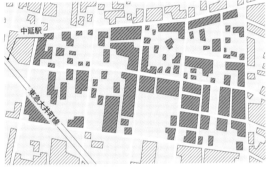

中延駅

東急大井町線

1970　1957年、第二京浜の交通量を軽減するために中延駅が高架化され、1968年には都営浅草線が中延駅に停車するようになり、この地域のアクセスが格段に良くなっている。住宅が街区の奥まで入り込み、路地が整備され、建物の密度が高まっている。

出典:住宅地図(ゼンリン,1970)

中延駅　　　　スキップロード

中延駅(都営浅草線)　　　　第二京浜

2019　第二京浜沿いは、マンションやオフィスの高層化が進んでいる。地元の商店街であるスキップロードには、フランチャイズ店や個人商店が混在しており、繁盛している。密集化が進むにつれ、前庭を持たない住宅が増えている。

出典:住宅地図(ゼンリン,2019)

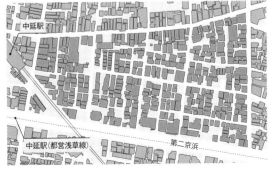

中延駅

中延駅(都営浅草線)　　　　第二京浜

171

いる東中延は、幹線道路と高架化された駅の両方に隣接し、活気に満ちた商店街もある 図6-9,10 。古い建物、狭い路地、密集した配置などから、東京都はこのエリアを、震災時に特に甚大な被害が想定される地域のうち、防災都市づくりに資する事業を重層的かつ集中的に実施する「重点整備地域」に指定している。

　20世紀初頭、東中延は大部分が農地で、ぽつぽつと住宅が立っている程度だった。しかし、1927年に東急大井町線と東急池上線が開通して都心にアクセスしやすくなると、都市化が加速した。戦後、隣接する第二京浜国道（国道1号線）が拡幅されたことによって、この地域では幹線道路沿いの建物と内部の路地沿いの建物とで著しい相違が生じるようになった。1960年代になってこの地域の住宅密度が高まってきたが、この時点ではまだ国道沿いの建物は内部の路地沿いの建物と同じ大きさだった。しかし、1970年代以降、国道沿いの建物はより高い建物に置き換わり、内部の路地沿いの建物は大きさは変わらないまま密度が高くなっていった。

　前述した通り、低層密集地域の多くは、もともとは鉄道会社が「田園都市」として開発した。しかし、時が経つにつれ、それらの多くは当初のビジョンから外れたものになっていった。東中延も例外ではなかった。1920年代に行われた田園都市開発の中で最も有名な田園調布は、高級住宅地であることから、今日まで広い敷地と豊かな緑が維持されてきたが、東中延のような一般的な住宅地では敷地面積を目一杯使って建物を建てるケースが多くなる。その結果、高密度化し、建物の間の空間はきちんとしたオープンスペースとは言いがたい単なる隙間になってしまった。

　東中延は、郊外住宅地として開発された低層密集地域の皮肉な結末を示している。関東大震災によって木造密集地域が大火災に見舞われた後、東京の富裕層の間で広々とした郊外住宅地がブームになった。人の少ない地域の方が災害時に安全だろうと考えた富裕層は、一斉に郊外に脱出した。しかしまもなく、戦後の発展に伴い増え続けた人口を吸収するために、郊外も都心と同じように密集した状態になっていった。

　行政は、東中延の土地利用のバランスをとるために、避難所としても機能するポケットパークの整備を進めるなど、最善を尽くしている。最近では、道路拡張を推進するために、住宅の建て替えや建物を境界線から後退させる工事に対して補助金を出したり、一戸建ではなく耐火性の高いコンクリート造のマンションを建てるために区画の統合を希望する土地所有者に補助金を出すなど、さまざまな取り組みを行っている。こうした施策によって、地域の災害に対する脆弱性を軽減することができるが、その結果、大きな建物が無秩序に出現し、地域の微妙なバランスを崩してしまうことも多い。

　東中延では、このように地域の特性を無視した画一的なアプローチではなく、

もっと適した更新の方法があるはずだ。東京の他の低層密集地域を見てみると、地域の特性を尊重した、より戦略的なアプローチが可能であることは明らかだ。次に紹介する月島は、東京で最も激しい大規模開発と小規模開発の闘いが繰り広げられている地域だが、地域全体を改善しながらも、小さなスケールの都市構造を維持することに成功している最良の例と言えるだろう。

6.6 月島──人工島のグリッドの街区が育んだ公共性

　　　中央区にある月島は、隅田川の河口に位置する人工島だ。銀座に近い好立地にあるが、つい最近まで明治時代に工業用地として建設された埋立地にある労働者階級の街だった。一方でこの地域は、住民同士が日常的に親密に交流できる路地を舞台に強い連帯感を生み出してきた場所としても知られている。しかし、近年の月島では、新たに建設された多数の超高層マンションが昔ながらの牧歌的な風景を脅かしつつある 図6-11,12 。

　　　1892年に月島の埋立て工事が完了すると、周囲の運河沿いに倉庫や工場、内側の区画には住宅がグリッド状に配置された。この地域は戦前から、完全に都市化されていたのだ。戦時中、月島は幸運にも空襲を免れ、労働者階級を支えた木造の長屋の多くが残されたため、他の下町とは建築的に異なる様相を呈している。1960年代以降、高度経済成長期に急増した人口を吸収するために、この地域でも小さな住宅が増加し高密度化が加速した。月島の1丁目と3丁目は、この地域の発展のプロセスを示している。月島を東西に分断する清澄通りの北側に接しているにもかかわらず、そこには江戸時代の都市形態やプロポーションをとどめる月島の特徴的な街区が残されている[92]。

　　　月島の広い通り沿いには商業ビルが立ち並び、特に西仲通りには名物のもんじゃ焼きの店が軒を連ねる。一方で、内部の路地には戸建住宅や長屋が並ぶ。東京では、路地で凶悪な犯罪が発生することはほとんどないため、路地は生活の場の延長として使われることが多い。東京の多くの近隣地域と同様に、月島ではパブリックとプライベートの空間が明確に分かれておらず、ゆるやかにつながっている。

　　　東京の多くの地域で見られる、自然発生的に生まれた迷路のような路地とは異なり、月島の路地は100年以上前に東京市によって意図的に計画されたものだ。しかし、この狭い路地が火災の原因となることが懸念され、1938年に市街地建築物法の改正ですべての道路の幅員を4m以上とすることが定められた際に、これらの路地は既存不適格と見なされた。

　　　他の多くの地域と同様に、月島は壁面後退の義務の弊害に悩まされてきた。土地所有者は、家を「建て替える」代わりに、建物の床面積を維持するために「改修」

図 6-5 月島（2020年1月）。広い通りには大きな住宅や商業施設が立ち並ぶ（A）。狭い路地には一戸建や長屋が軒を連ね（B）、その路地には、住民が丹精込めて手入れした小さなガーデニングの世界が広がっている（C、D）。

A

B

C

D

を繰り返してきた。その結果、路地は当時のまま残され、災害への備えを強化するために建物を改良する機会を逸してしまった。そのため、1980年に周辺地域で最初の高層マンション開発が始まったとき、月島はまだほとんど手つかずの状態だった。

　　しかしそれ以降、高層マンション開発の圧力は高まる一方だ。多くの土地所有者は、新しく建つ高層マンションの住戸に住む権利と引き換えに、自分の土地を手放してしまった。また、路地の生活様式を維持したいと強く望む人々もいて、中央区もそれを理解していた。1990年代以降、中央区は建て替えのインセンティブとして、法

図 6-6 月島の変遷(1:7,000)

0 ──── 100m

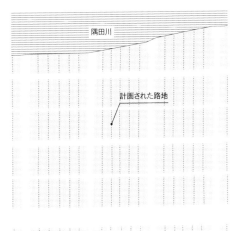

隅田川

計画された路地

1895 1892年に隅田川の河口に建設された人工島は、厳密なグリッドプランに基づき、路地を含む多様な幅の道路によって都市化された。

出典:東京区分図(郵便電信局, 1895)

工場

住宅

清澄通り

1932 徐々に工業用地や住宅地に変わり、路地には木造の長屋が立ち並び、川沿いには工業地帯が広がる。

出典:火災保険特殊地図(都市整図社, 1932)

工場

西河岸通り

西仲通り

清澄通り

1980 工業地帯として繁栄しているが、低層の長屋はほとんどそのまま残っている。

出典:住宅地図(ゼンリン, 1980)

タワーマンション

西河岸通り

西仲通り

再開発地域

清澄通り

2019 1988年に東京メトロ有楽町線、2000年に都営大江戸線の二つの新駅ができたことで、アクセスが格段に良くなった。周辺はマンション建設が急速に進んでおり、このエリア内でも新たな開発が予定されている。

出典:住宅地図(ゼンリン, 2019)

律で定められた道路の最小幅員である幅2.7m[93]の路地でも新築を認めるという区の条例を他に先駆けて制定した。また、容積率の制限を緩和し、路地の幅を3.3mに拡張することができれば、3階建までの住宅を新築することを認めたが、これは水平方向と垂直方向の拡張の直接的な交換とも言えるだろう[94]。これらの規定によって小規模な建て替えが増え、地域全体の耐火性能が向上した。

しかし、この小さな月島地区だけでも三つの再開発計画が進行中で、合計で141階分のマンションが建設される予定だ。これらの計画は、人口を増やすことで税収を増やしたい中央区の思惑と合致するものであり、そのために区は大規模再開発に補助金を出している。このような状況は、交通量の増加、高層ビルによる日照阻害、ビル風、そして何よりも、地域の特性の喪失を批判する地元住民からの反対を引き起こしている。地元住民で構成される再開発に反対するグループは、地元への説明など、開発に必要な手続きを踏んでいないと主張し、再開発の有益な目標（災害に対する安全性の向上など）は低層の代替案によって達成できると反論している[95]。このような代替案は、1990年代からこの地域で行われてきた規制の変更によって、段階的に実施することが可能になった。

月島での再開発との闘いは、大規模再開発や現行の法制度のあり方をめぐって東京のあちこちで勃発している論争の一例である。理論上は、市民は再開発計画について情報を得て、行政に自らの意見を述べる権利がある。実際には、多くの決定が秘密裏に、かつ迅速に行われるため、市民がそれに対して行動を起こす時間も情報源もほとんどない。人口増による税収増を見込む行政と、再開発により利益を獲得するデベロッパーは、その目的が一致することが多いため、政治的手段を駆使して、地域の意見などを無視した不透明なプロセスを踏むことも多い。

月島は、東京らしい居心地の良い街として長年栄えてきたが、それはもっと大きな意味を持っている。何と言っても、月島はそれ自体が人工島という大規模な都市開発で生まれた街なのだ。地域の有機的な連帯感を育むには、必ずしも何世紀にもわたる歴史の蓄積や工夫を凝らした複雑な都市計画は必要ないということを、月島は示している。埋立地に最初につくられたのは街路のグリッドだけだった。このグリッドの街路はさまざまな公共性のグラデーションを生み出し、住民たちが自発的に街の空間をつくりあげ、地域社会を形成することを可能にした。これは東京だけでなく、世界中の都市で再現できる可能性を秘めた素晴らしい成果である。

6.7　北白金──都心に残された再開発の緩衝地帯

恵比寿通り[96]と古川に挟まれた港区白金の北側の大部分は低層地域で、都心の高級住宅地の真ん中にありながらも、再開発の圧力に負けずに生き残ってい

る[97] 　図6-13,14 。このエリアには低層および中層の建物が多く、外縁部に高層の建物が立っている。これらの建物の大部分(70%)が住宅で、一戸建とマンションが半々である。地元の商店街があるほか、1階が小さな町工場になっている住宅が点在している[98]。

　　　筆者が「北白金」と名づけたこのエリアは、都市の高密度化によって必ずしも街並みの質が低下するわけではないということを示している。この地域では、一戸建住宅は狭い通り沿いに多く、広い通り沿いには中層の建物が建っている。どちらの場合も、地上レベルには町工場などの地域生活に密着した施設がある。恵比寿通り沿いの外縁部には、高層ビルがひっそりと立っており、ここではプライベートからパブリックまで、そして小規模から大規模まで、空間利用の有機的なグラデーションが見られる。

　　　明治時代の初めまでは、このエリアの大部分は水田だったが、工業化が進み、小さな工場や住宅が増えていった。第二次世界大戦前、この地域へのアクセスを向上させ、開発を加速させるために恵比寿通りが建設された。1960年代以降、北白金は二つの異なる現象によって形成されてきた。ある土地の所有者は、より大きなマンションを建設するために土地を合併し始めた。しかし同時に、別の土地の所有者は、相続税の影響で土地を細分化し、土地も住宅もどんどん小さくなっていった。この二つの現象は、このエリアの別々の場所で起こった。土地の合併は、道路の幅が広くて高い建物が建設可能な外縁部で行われた。一方、内側の街区では土地の細分化が主流だったが、小規模なマンションもいくつか建設された。

　　　このエリアで計画されている再開発によって、もうすぐこの微妙なバランスは崩れてしまうかもしれない。近年、東京メトロ南北線の開通や白金高輪駅の開業に伴い、このエリアに初めて高層ビルが登場した。内側の低層・中層住宅が立ち並ぶ路地も含めて街区をまるごと解体し、40階建のタワーマンションを建設する計画もある[99]。他の多くの地域と同様に、北白金エリアでも開発を推し進めるために、災害対策が開発を推し進める口実として使われている。しかし、月島とは異なり、この地域では耐火建築の割合が高いため、火災は最も深刻な脅威とは考えられておらず、その代わりに再開発を推進するパンフレットには、隣接する古川の洪水のリスクが書かれている。

　　　タワーマンションは安全であるという主張は、近年増加している自然災害によって打ち砕かれてきた。災害時には、ガス、水道、そして特に電気の供給ラインが深刻な影響を受け、多くの高層建築では設備システムの脆弱さが明らかになった。千世帯近くが住む50階建のタワーマンションの上層階の住人たちは、エレベーターが故障して住戸に戻れなくなり、タワーのロビーや避難所で寝泊まりする「高層難民」になってしまった。

図 6-7　北白金（2020年1月）。この地域には、規模や年代、用途の異なる建物がある（A）。たとえば、路地沿いの小さな住宅（B）や、1階に職人の工場がある住宅（C、D）などであり、地元の商店街は歩行者に優しい活気ある空間となっている（E）。

A

B

C

D

E

　　　大規模再開発は、「都心回帰」という政策によって奨励されてきた。都心回帰とは、通勤時間を減らし、人々が都市生活のメリットを享受できるようにする都心部の再高密度化のことだ。大規模開発に抵抗している北白金は、別の高密度化モデルを示している。白金3丁目は、北白金の中で唯一タワーマンションがない地区だが、それでも35,309人/km²という、コンパクトシティのモデルになっているヨーロッパの都市と同等の人口密度を達成している[100]。北白金では、さまざまな大きさの建物や道

図 6-8　　北白金の変遷（1：8,000）　　　　　　　　　　　　　　　0　　　　　100m

1887　古川沿いの地域は大部分は農地で、住宅はほとんどなかった。

出典：東京実測図（内務省, 1887）

1936　主に既存の農道と重なるように新しい道路が整備されたことで、工業地帯や住宅地として発展が進んだ。

出典：火災保険特殊地図（都市整図社, 1936）

:::::::: 森林　　　:::::::: 原っぱ　　　:::::::: 果樹園

1991　広い通り沿いの区画は、大きな建物を建てるために統合され、路地沿いの小さな区画は、小さな住宅を建てるために分割され始めている。

出典：住宅地図（ゼンリン, 1991）

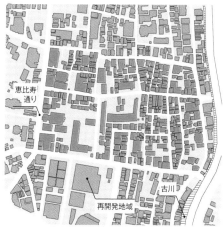

2018　北白金は、低層・中層建築と路地が混在し、建物の規模が複雑に入り組んでいる。東京都心に残された数少ない低層密集地域の一つであるが、いくつかの住宅の区画は取り壊され、タワーマンションへの再開発が計画されている。

出典：住宅地図（ゼンリン, 2018）

路が高密度に混在していることによって、コンパクトでありながら都市の多様性が生まれ、街路は真の公共空間として機能している。この地域は、人口密度の上昇に直面する世界中の低層密集地域が参照できる代替案を提示している。

6.8 　　　低層密集地域から学ぶこと

　　　低層密集地域は、初めて訪れた人には、建物が雑然と混みあっているだけのように見えるかもしれないが、その第一印象に反して、実際には驚くほど住みやすい。これらの地域の住みやすさを形成しているのは、先に述べた一般的な特性（適応性、交通の利便性、地域生活）に加えて、あまり目立たないが、「デザイン可能な」原理がある。これらの原理は、一つの社会的あるいは物理的な要因によるものではなく、複数の要因の相乗的な組み合わせによって生じる。それらが組み合わさると、観察したり、数値化したり、さらにはマッピングしたりできる、物理的なパターンが生み出される 図6-10,12,14 。東中延、月島、北白金では、この住みやすさをつくりだす多くの特性と同時に、これらの地域が直面している重大な脅威も見てとることができた。

6.8.1 　　　建物間の隙間が日常生活の営みの場となる

　　　住宅密集地域では、高い建ぺい率と小さく細分化された土地によって、住宅の間に無数の隙間ができている。一見、これらの隙間は無駄な空間であり、防火のための必要悪として見過ごされがちだ。しかし、この隙間は地域全体に連続する視覚的な透過性をつくりだすことによって、屋外の公共空間の不足を補っている。それと同時に、それらの隙間はささやかな庭として機能していたり、日常生活の何気ない活動が行われる場所でもある。これらの隙間には、自転車、洗濯物、子供の玩具などの身の回りのものが、植栽に混じって散らばっていることが多い。このような「あふれだし」の現象は、低層密集地域でよく見られるものだ。

6.8.2 　　　小さな緑を自主的に配置する

　　　江戸時代から、東京の街には緑がさまざまな形で分散して配置されていた。住民や大家、時には自治会が、敷地の周りに樹木や植え込み、植木鉢などを配置している。庭園、公園、並木道といった、行政が管理する緑が少ない地域が多いため、住民が自分たちで緑を置くというボトムアップの伝統は、部分的ではあるが重要な代替手段となっている。

6.8.3 　　　地元の車しか通らない路地では歩行者の安全が守られる

　　　住宅密集地域の道路の多くは狭いが、ほとんどの家に車でアクセスすることができる。しかも、歩道などの歩行者を保護するものは、実質的にほとんど存在しない。それにもかかわらず、自動車が住民の安全を脅かしてはおらず、世界の多くの都市部で見られるような車と歩行者の対立関係はほとんど見られない。その違いは、

地域の構造にある。東京の街を移動するドライバーは、当然のように主要幹線道路を使う。というのは、迷路のような路地に迷い込んでも、何の得にもならないからだ。住宅密集地域で時折見かける車は、たいてい地元の住民が運転しており、当然ながら、外部の人よりも注意を払って運転する。その結果、車と共存する、歩行者に優しい街になるのだ。

6.8.4　多様な街路構成が暮らしのグラデーションをつくる

　低層密集地域は、周囲を広い幹線道路に囲まれ、内側には狭い路地が複雑に絡みあうというコントラストによって「スーパーブロック」と呼ばれる独特の都市構造を形成している。それによって、ブロックの内側は自動車交通から守られ、落ち着いた親密な雰囲気を醸し出している。このように、狭い路地から広い幹線道路まで、多様な道路があることが、住民のライフスタイルに影響を及ぼしている。住民は、狭い路地では身の回りのものを置きっぱなしにして、家のファサードはオープンになっている。広い通りでは、家は閉鎖的になり、人の活動の気配はあまり感じられない。環境が行動を形成し、行動が環境を形成するという循環が繰り返されるのだ。

6.8.5　通りに面してドアや窓を設けることで地域の目が街を安全に保つ

　かつて、ジェイン・ジェイコブズは、住宅や店舗の配置を工夫すれば、街路に「多数の目」を向けることになり、都市の安全は保てると論じた[101]。東京の低層密集地域では、住民のプライバシーを守るため、窓がカーテンやシャッター、すだれや植物で覆われていることが多く、時間帯によっては人通りがまったくなくなることもあるので、常に街路に対して住民の「多数の目」が向けられ、監視されている雰囲気があるわけではない。しかし、街路からの視線を柔らげる装置を使っていても、通り沿いに設けられた無数のドアや窓から完全に視線を遮断しているわけではなく、街のスケールと構成、そして普段の住民の関わりあいの深さによって、不審者にすぐに気づくことができ、犯罪の抑止につながる。

6.8.6　住居専用地域にさまざまな建物のタイプ・用途を混在させる

　低層密集地域は主に住宅で占められているが、他の用途もうまく取り入れられている。多くの地域には商店街があり、住宅の1階には小さな店舗や町工場も入居する。さまざまな大きさや築年数の建物が混在しているため、住民や企業は住宅や事務所の候補地を豊富な選択肢から選べる。小さくて安価な木造建築は、災害時の安全性が懸念されるものの、見方を変えると、容易に適応、拡張、再利用、変換することができることを意味する。安価で変換可能な適応性に富む建築ストックを地域に維持することで、社会的・経済的な多様性を高めることができる。

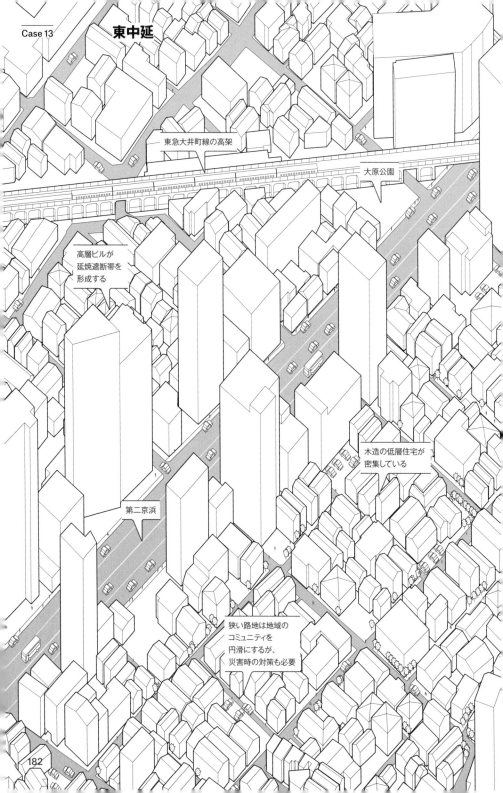

東中延

東急大井町線の高架

大原公園

高層ビルが
延焼遮断帯を
形成する

木造の低層住宅が
密集している

第二京浜

狭い路地は地域の
コミュニティを
円滑にするが、
災害時の対策も必要

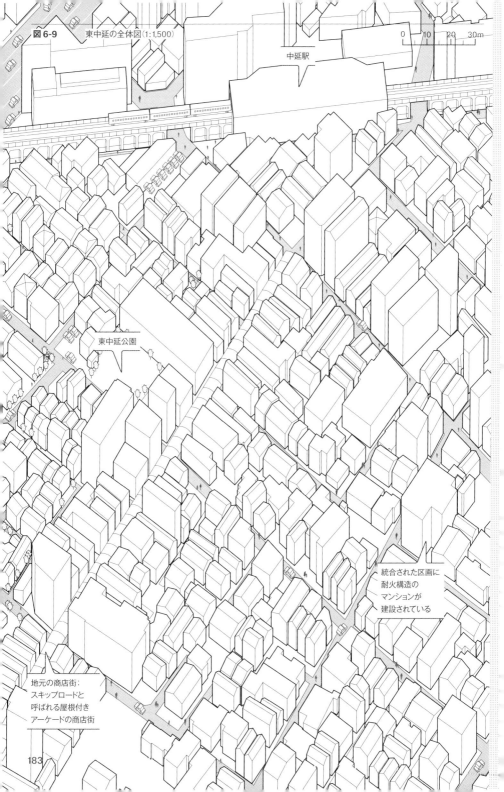

図6-9　東中延の全体図（1:1,500）

0 10 20 30m

中延駅

東中延公園

統合された区画に
耐火構造の
マンションが
建設されている

地元の商店街：
スキップロードと
呼ばれる屋根付き
アーケードの商店街

183

図 6-10   東中延におけるマッピング（1：5,000）（2020年3月）

隙間空間

☐ 敷地内の隙間空間

道路タイプ（幅員）

▨ 道路幅員2.7m未満
▨ 道路幅員2.7m以上4m未満
▨ 道路幅員4m以上8m未満
▨ 道路幅員8m以上12m未満
　道路幅員12m以上

建物用途

▨ 住居併用工場
▨ 専用工場
▨ 専用商業施設
▨ 住商併用建物
▨ 戸建住宅
■ 事務所
▨ 集合住宅
☐ その他

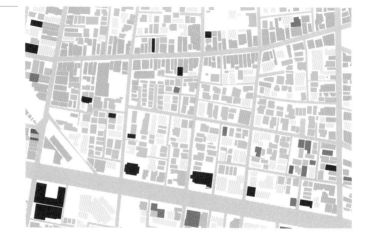

植物

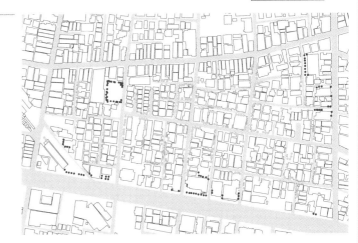

	植木鉢
	樹木
	公共樹木

建物の出入口

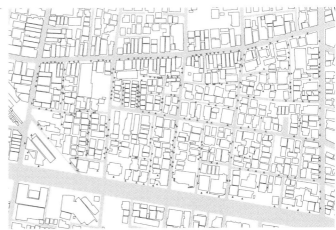

| ▲ | 建物の出入口 |

駐輪・駐車

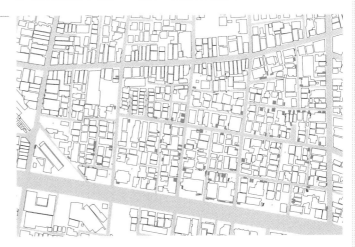

| | 駐車中の自動車 |
| | 駐車中の自転車 |

月島

この街区の路地や
建物をすべて消してしまう
再開発プロジェクトに
住民団体が反対している

長屋の間に歩行者用の
路地がある

清澄通り

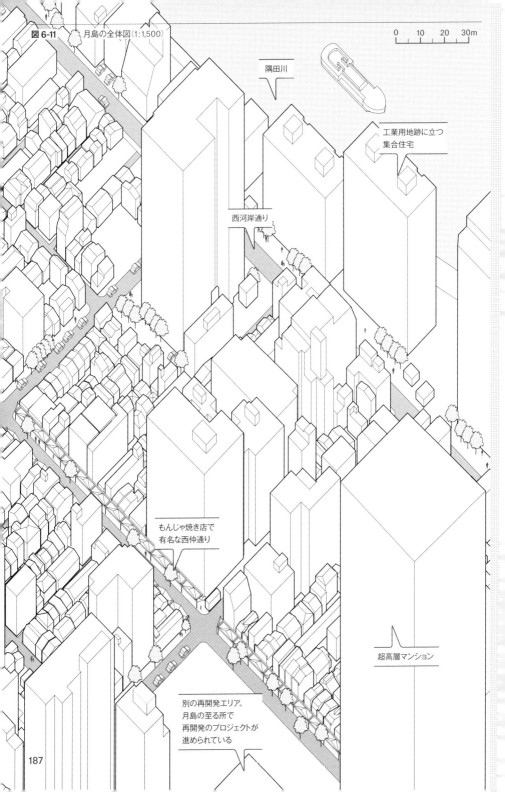

図 6-11　月島の全体図（1:1,500）

0　10　20　30m

隅田川

工業用地跡に立つ
集合住宅

西河岸通り

もんじゃ焼き店で
有名な西仲通り

超高層マンション

別の再開発エリア。
月島の至る所で
再開発のプロジェクトが
進められている

図 6-12 　　月島におけるマッピング（1：5,000）（2020年3月）

隙間空間

☐ 敷地内の隙間空間

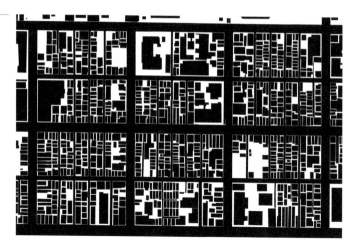

道路タイプ（幅員）

◼ 道路幅員2.7m未満
◼ 道路幅員2.7m以上4m未満
◼ 道路幅員4m以上8m未満
◻ 道路幅員8m以上12m未満
　 道路幅員12m以上

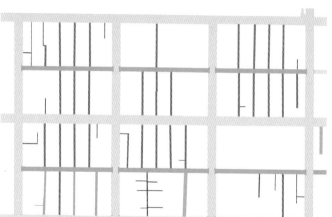

建物用途

◼ 住居併用工場
◼ 専用工場
◼ 専用商業施設
◼ 住商併用建物
◼ 戸建住宅
◼ 事務所
◻ 集合住宅
☐ その他

植物

- 植木鉢
- 樹木
- 公共樹木

建物の出入口

- ▲ 建物の出入口

駐輪・駐車

- 駐車中の自動車
- 駐車中の自転車

0　　50　　100m

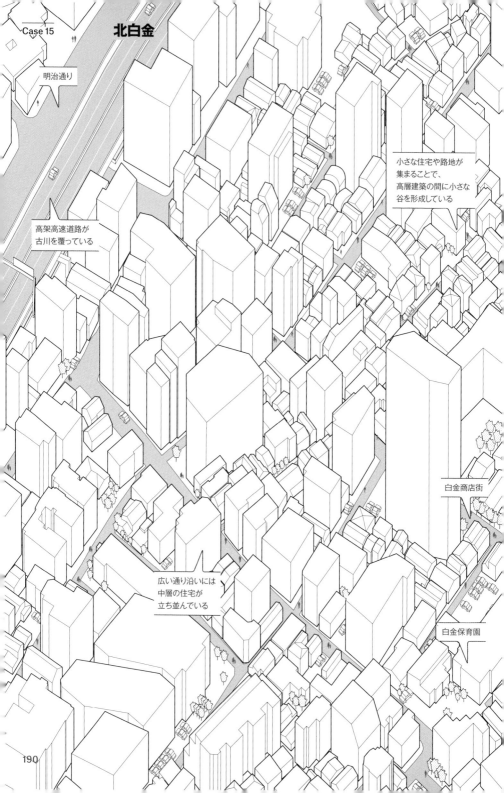

北白金

明治通り

高架高速道路が
古川を覆っている

小さな住宅や路地が
集まることで、
高層建築の間に小さな
谷を形成している

白金商店街

広い通り沿いには
中層の住宅が
立ち並んでいる

白金保育園

190

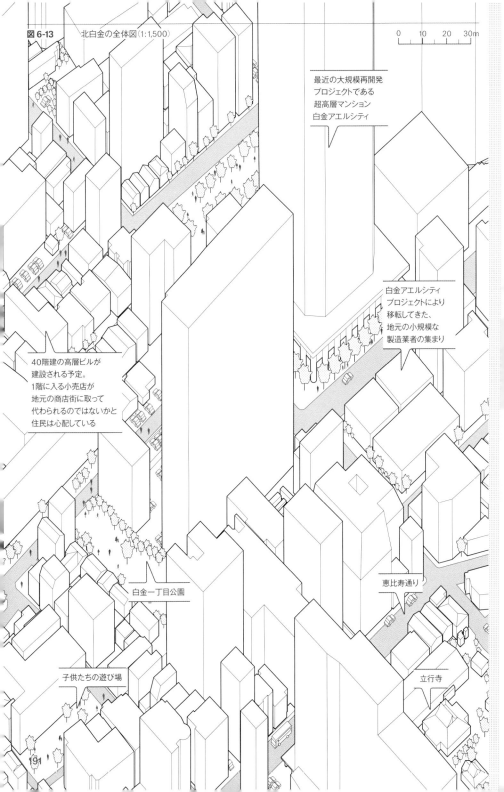

図 **6-13**　北白金の全体図（1:1,500）

0　10　20　30m

最近の大規模再開発
プロジェクトである
超高層マンション
白金アエルシティ

白金アエルシティ
プロジェクトにより
移転してきた、
地元の小規模な
製造業者の集まり

40階建の高層ビルが
建設される予定。
1階に入る小売店が
地元の商店街に取って
代わられるのではないかと
住民は心配している

白金一丁目公園

恵比寿通り

子供たちの遊び場

立行寺

図6-14 北白金におけるマッピング（1:5,000）（2020年3月）

隙間空間

☐ 敷地内の隙間空間

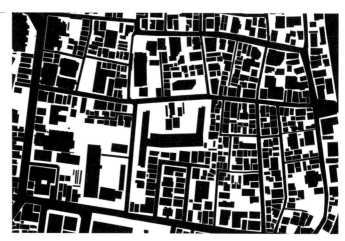

道路タイプ（幅員）

▨ 道路幅員2.7m未満
▥ 道路幅員2.7m以上4m未満
▨ 道路幅員4m以上8m未満
▨ 道路幅員8m以上12m未満
　道路幅員12m以上

建物用途

▨ 住居併用工場
▨ 専用工場
▨ 専用商業施設
▨ 住商併用建物
▨ 戸建住宅
■ 事務所
▨ 集合住宅
☐ その他

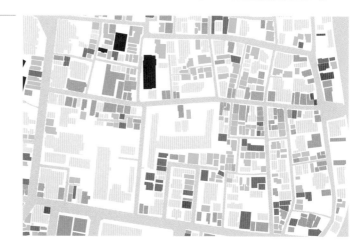

植物

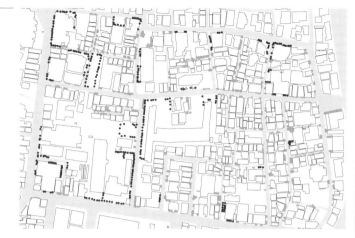

植木鉢
樹木
公共樹木

建物の出入口

▲ 建物の出入口

駐輪・駐車

駐車中の自動車
駐車中の自転車

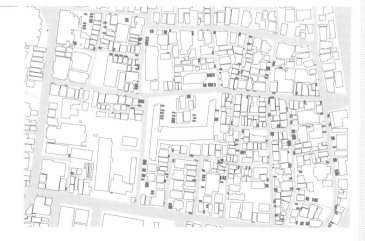

7　新しい東京学を目指して

TOWARD A NEW TOKYOLOGY

7.1　東京学の六つのアプローチ

　　　　ニューヨーク、パリ、ローマなどのように、東京は、建築家や都市計画家を魅了する都市であり、常に彼らの議論や研究のテーマになっている。東京に関する一連の研究(ここでは「東京学」と呼ぶ)は、建築の役割や社会の変化を反映して、この数十年の間に進化してきた。

　　　　こうしたこれまでの東京に関する研究の蓄積は、筆者の研究の基盤となっており、重要な示唆を与えてくれている。それと同時に、東京学の文献をめぐる言説の中には、オリジナルの文献のニュアンスや文脈を消し去り、この都市の現実を見落とした根拠のない思い込みや偏見を与えてしまうものもある。たとえば、東京という都市の複雑さを、不可解な「日本らしさ」などという単純な話に還元してしまっている言説は、まったくの偽りであるが、ジャーナリストも研究者も、それが正しいかどうかを深く追求することなく、繰り返し使用している。

　　　　こうした東京学の問題の起源を解明するために、筆者はまず、東京に関する研究がどのように発展してきたのかを検証した。196〜199頁の年表は、過去60年間に出版された東京に関する最も重要な文献の一部(英語と日本語の文献が含まれる)を示している[102]。日本と海外の理論・言説の変遷を比較できるように、世界的に影響を及ぼした都市論や建築論の書籍、および国内外の主な出来事を組み合わせた年表になっている[103]。ここでは、東京の研究で見られる六つの主要な理論的アプローチについて解説する。

7.1.1　海外からみた東京

　　　　このカテゴリーは、主に海外で出版された東京に関する多様なエッセイや論考をまとめたものだ。こうした論説がまとめられた当時の日本人による最新の理論を参照しているものも多いが、東京との初めての出会いを描いた旅行記や個人的な回想録もある。年表にプロットされている文献の中で、特に数十年前に書かれて今も読み継がれている文献には、東京の生活を丁寧に洞察しているものが多い。

　　　　東京について書かれた英語の文献が非常に少ないため、これらの書籍は、外国人が東京を理解するための主要な手段の一つになっている。これらの中で学術的な文献は一部にすぎないが、これらの文献の内容が、今日の海外における東京の描写の仕方に永続的な影響を及ぼしている。

これらの文献の多くは、東京の情報そのものだけでなく、各時代における外国人の視線、つまり当時の外国人が想像する東京を記録したものとして、別の価値を持っている。1974年に出版された、ロラン・バルトの『表徴の帝国』(新潮社)は、外国人の視線の暗示的な力を示す、最も影響力の大きい事例と言えるだろう(同書には日本についての記述は「架空の国」、そして「小説の題材」としてのものであると弁明されているが)。この本には、想像上の東洋と実際の日本の複雑な関係が記録されているが、多くの外国人が日本の都市と初めて出会った経験を思い出し共感するだろう。「東京学」にとどまらず、東京を題材にしたより大衆的な文献においても、多くの後継の著者が、「空虚の中心」を持つエキゾチックな都市、あるいは「道路には名前がない」など、バルトの定番の表現をそのまま模倣しており、彼の文学的な意図は顧みられないまま、あからさまなオリエンタリズムの決まり文句が嫌というほど繰り返されることになった。

　　このアプローチは、現代の東京の生き生きとした日常の光景を捉え、外国人のレンズを通して日本の研究者が見落としていた都市現象を浮き彫りにする意味で有用である。しかし一方で、文学作品に見られるような熱狂的な戸惑いや表面的な説明を超えて、東京が「何か」ということだけでなく、「なぜ」「どのように」つくられたかを説明し、デザインの教訓を引き出す必要がある。

7.1.2　　　　　欧米との比較：カオス理論と東京の再評価

　　第二次世界大戦の敗戦後、1950年代の日本には、社会全体に自己批判の空気感が蔓延していた。しかし、建築や都市計画の関係者には、このような悲観的な見方と、戦火で焦土と化し、完全なるタブラ・ラサ(白紙状態)になった都市に新しい東京を計画しようという熱意が共存していた。多くの建築家は、江戸や日本のヴァナキュラーな空間を振り返るのではなく、モダニズムや合理主義の考え方に沿って東京の再構築を模索するようになり、東京と欧米の都市を比較する新しい研究が生まれた。しかし、日本経済が回復して国民の活力が戻ってくると、多くの研究者は豊かな歴史を持つ日本のヴァナキュラーな都市空間や建築を研究するようになり、建築家は文化的ルーツを堂々と作品に表現するようになった。

　　この言説の系統に含まれる著者たちは、概して、東京は欧米の都市ほど視覚的に明快ではないことを認めている。しかし、彼らは日本の現代都市の流動的かつ断片的な様相を独特な個性として評価するようになった。

　　1980年代に入り、多くの著者は東京を理解し、その正当性を裏づける手段として、当時世界的に流行していた「カオス理論」を展開するようになった。つまり東京は、表面的には厳格で秩序だった欧米の都市とは異なる、独特な「カオス」の都市だという考え方だ。これは概して、批判的な意味ではない。芦原義信をはじめとする建築家たちは、日本の都市は比較的「醜い」と表現しているが、彼らは、断片化・混乱・

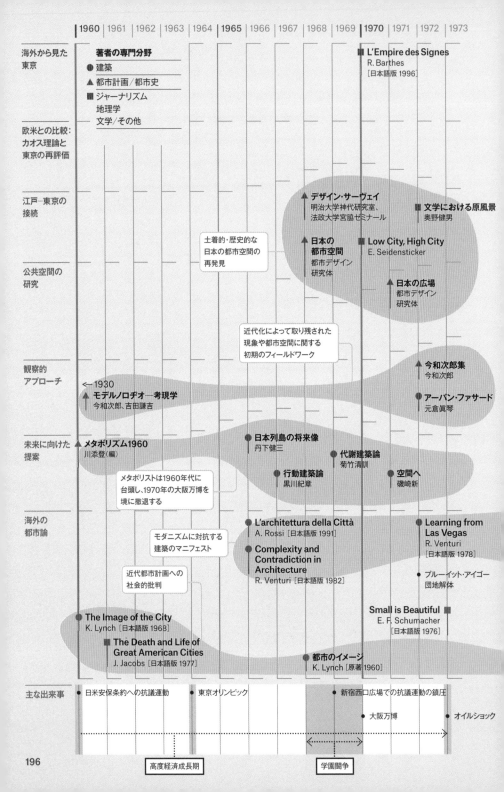

	1960	1961	1962	1963	1964	1965	1966	1967	1968	1969	1970	1971	1972	1973

海外から見た東京

著者の専門分野
● 建築
▲ 都市計画／都市史
▉ ジャーナリズム
地理学
文学／その他

▉ L'Empire des Signes
R. Barthes
[日本語版 1996]

欧米との比較：カオス理論と東京の再評価

江戸−東京の接続

▲ デザイン・サーヴェイ
明治大学神代研究室、
法政大学宮脇ゼミナール

▉ 文学における原風景
奥野健男

土着的・歴史的な
日本の都市空間の
再発見

▲ 日本の
都市空間
都市デザイン
研究体

▉ Low City, High City
E. Seidensticker

公共空間の研究

▲ 日本の広場
都市デザイン
研究体

近代化によって取り残された
現象や都市空間に関する
初期のフィールドワーク

観察的アプローチ

←1930
▲ モデルノロヂオ―考現学
今和次郎、吉田謙吉

▲ 今和次郎集
今和次郎

● アーバン・ファサード
元倉眞琴

未来に向けた提案

▲ メタボリズム1960
川添登（編）

● 日本列島の将来像
丹下健三

● 代謝建築論
菊竹清訓

メタボリストは1960年代に
台頭し、1970年の大阪万博を
境に撤退する

● 行動建築論
黒川紀章

● 空間へ
磯崎新

海外の都市論

● L'architettura della Città
A. Rossi [日本語版 1991]

● Learning from
Las Vegas
R. Venturi
[日本語版 1978]

モダニズムに対抗する
建築のマニフェスト

● Complexity and
Contradiction in
Architecture
R. Venturi [日本語版 1982]

● プルーイット・アイゴー
団地解体

近代都市計画への
社会的批判

● The Image of the City
K. Lynch [日本語版 1968]

Small is Beautiful ▉
E. F. Schumacher
[日本語版 1976]

▉ The Death and Life of
Great American Cities
J. Jacobs [日本語版 1977]

● 都市のイメージ
K. Lynch [原著 1960]

主な出来事

● 日米安保条約への抗議運動

● 東京オリンピック

● 新宿西口広場での抗議運動の鎮圧

● 大阪万博

● オイルショック

高度経済成長期

学園闘争

196

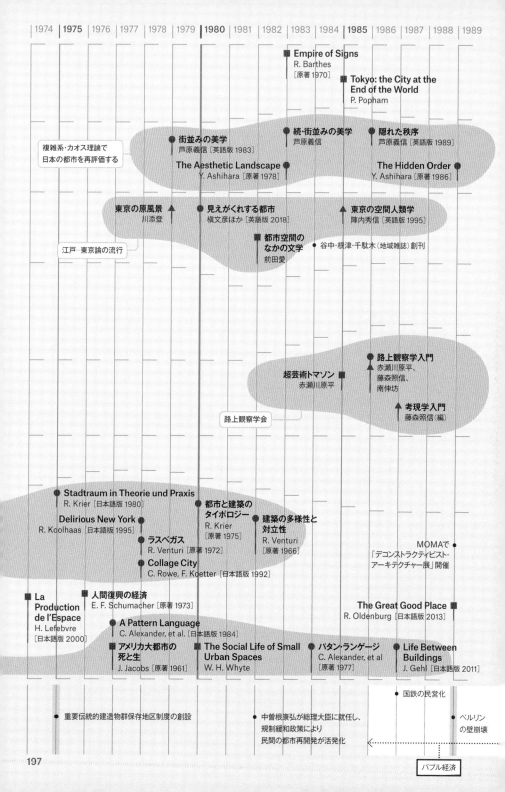

■ Empire of Signs
R. Barthes
[原著 1970]

■ Tokyo: the City at the
End of the World
P. Popham

● 街並みの美学
芦原義信 [英語版 1983]

● 続・街並みの美学
芦原義信

● 隠れた秩序
芦原義信 [英語版 1989]

複雑系・カオス理論で
日本の都市を再評価する

The Aesthetic Landscape ●
Y. Ashihara [原著 1978]

The Hidden Order ●
Y. Ashihara [原著 1986]

東京の原風景 ▲
川添登

● 見えがくれする都市
槇文彦ほか [英語版 2018]

▲ 東京の空間人類学
陣内秀信 [英語版 1995]

■ 都市空間の
なかの文学
前田愛

● 谷中・根津・千駄木 (地域雑誌) 創刊

江戸−東京論の流行

● 路上観察学入門
▲ 赤瀬川原平、
藤森照信、
南伸坊

超芸術トマソン
赤瀬川原平

▲ 考現学入門
藤森照信 (編)

路上観察学会

● Stadtraum in Theorie und Praxis
R. Krier [日本語版 1980]

● 都市と建築の
タイポロジー
R. Krier
[原著 1975]

● 建築の多様性と
対立性
R. Venturi
[原著 1966]

Delirious New York ●
R. Koolhaas [日本語版 1995]

● ラスベガス
R. Venturi [原著 1972]

MOMAで
「デコンストラクティビスト・
アーキテクチャー展」開催 ●

● Collage City
C. Rowe, F. Koetter [日本語版 1992]

■ La
Production
de l'Espace
H. Lefebvre
[日本語版 2000]

■ 人間復興の経済
E. F. Schumacher [原著 1973]

● A Pattern Language
C. Alexander, et al. [日本語版 1984]

The Great Good Place ■
R. Oldenburg [日本語版 2013]

● アメリカ大都市の
死と生
J. Jacobs [原著 1961]

■ The Social Life of Small
Urban Spaces
W. H. Whyte

● パタン・ランゲージ
C. Alexander, et al
[原著 1977]

● Life Between
Buildings
J. Gehl [日本語版 2011]

● 国鉄の民営化

ベルリン
の壁崩壊

● 重要伝統的建造物群保存地区制度の創設

● 中曽根康弘が総理大臣に就任し、
規制緩和政策により
民間の都市再開発が活発化

バブル経済

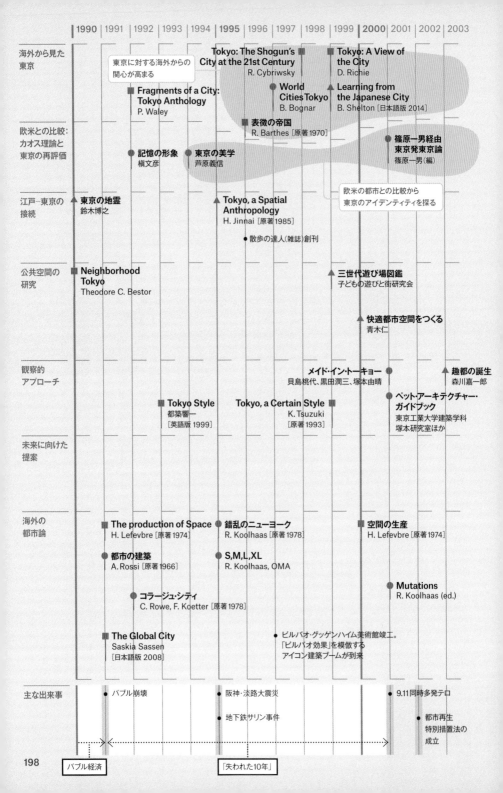

	1990	1991	1992	1993	1994	1995	1996	1997	1998	1999	2000	2001	2002	2003

海外から見た東京

東京に対する海外からの関心が高まる

Tokyo: The Shogun's City at the 21st Century
R. Cybriwsky

Tokyo: A View of the City
D. Richie

Fragments of a City: Tokyo Anthology
P. Waley

World Cities Tokyo
B. Bognar

Learning from the Japanese City
B. Shelton [日本語版 2014]

欧米との比較:カオス理論と東京の再評価

表徴の帝国
R. Barthes [原著1970]

記憶の形象
槇文彦

東京の美学
芦原義信

篠原一男経由東京発東京論
篠原一男（編）

欧米の都市との比較から東京のアイデンティティを探る

江戸—東京の接続

東京の地霊
鈴木博之

Tokyo, a Spatial Anthropology
H. Jinnai [原著1985]

散歩の達人（雑誌）創刊

公共空間の研究

Neighborhood Tokyo
Theodore C. Bestor

三世代遊び場図鑑
子どもの遊びと街研究会

快適都市空間をつくる
青木仁

観察的アプローチ

メイド・イン・トーキョー
貝島桃代、黒田潤三、塚本由晴

趣都の誕生
森川嘉一郎

Tokyo Style
都築響一 [英語版 1999]

Tokyo, a Certain Style
K. Tsuzuki [原著1993]

ペット・アーキテクチャー・ガイドブック
東京工業大学建築学科 塚本研究室ほか

未来に向けた提案

海外の都市論

The production of Space
H. Lefevbre [原著1974]

錯乱のニューヨーク
R. Koolhaas [原著1978]

空間の生産
H. Lefevbre [原著1974]

都市の建築
A. Rossi [原著1966]

S,M,L,XL
R. Koolhaas, OMA

コラージュ・シティ
C. Rowe, F. Koetter [原著1978]

Mutations
R. Koolhaas (ed.)

The Global City
Saskia Sassen [日本語版 2008]

ビルバオ・グッゲンハイム美術館竣工。「ビルバオ効果」を模倣するアイコン建築ブームが到来

主な出来事

バブル崩壊

阪神・淡路大震災

地下鉄サリン事件

9.11同時多発テロ

都市再生特別措置法の成立

バブル経済

「失われた10年」

198

| 2004 | **2005** | 2006 | 2007 | 2008 | 2009 | **2010** | 2011 | 2012 | 2013 | 2014 | **2015** | 2016 | 2017 | 2018 | 2019 |

■ Small Tokyo
D. Radović,
D. Boontham
(eds.)

▲ 日本の都市から学ぶこと
B. Shelton［原著1999］

東京の住宅密集地に
焦点を当てる建築家たち

● Tokyo: Portraits
and Fictions
M. Tardits

■ Tokyo Totem
MONNIK (ed.)

東京の地形と
都市開発の
関連を探る

● Tokyo Metabolizing
北山恒、塚本由晴、西沢立衛

● 都市のエージェントはだれなのか
北山恒

■ アースダイバー
中沢新一

● NHK「ブラタモリ」が
放送開始

▲ 中央線がなかったら
見えてくる東京の古層
陣内秀信、三浦展

■ アースダイバー
東京の聖地
中沢新一

▲ City with a
Hidden Past
F. Maki, et al.
［原著1980］

▲ 東京「スリバチ」地形散歩
皆川典久

Roppongi Crossing ■
R. A. Cybriwsky

■ Tokyo
Vernacular
J. Sand

▲ Tokyo Void:
Possibilities in
Absence
M. Jonas, H. Rahmann

▲ Tokyo Roji
H. Imai

▲ 路地からの
まちづくり
西村幸夫（編）

▲ 都市の自由空間
鳴海邦碩

▲ 路地研究
上田篤、
田端修（編）

● 権力の空間／
空間の権力
山本理顕

▲ アナザー
ユートピア
槇文彦、
真壁智治
（編）

▲ 江戸東京の路地
岡本哲志

▲ まち路地再生のデザイン
岡本哲志、青木仁ほか

● 広場
▲ 隈研吾、陣内秀信（監修）

街路空間や
路地の再生を
求める

● 環境ノイズを読み、
風景をつくる
宮本佳明

日本の建築家による
公共空間への
関心が高まる

● コモナリティーズ
アトリエ・ワン

■ ひとり空間の
都市論
南後由和

▲ 東京R計画
CET

● Hyper den-City
八束はじめ

▲ 都市をたたむ
饗庭伸

地域再生と計画的な
都市縮小の提案

● 地域社会圏主義
山本理顕ほか

● ファイバーシティ
大野秀敏、MPF

● エリアリノベーション
馬場正尊、Open A（編）

Rebel Cities ■
D. Harvey［日本語版2013］

■ 反乱する都市
D. Harvey［原著2012］

Design for Ecological
Democracy ▲
R. T. Hester
［日本語版2018］

● 建物のあいだのアクティビティ
J. Gehl［原著1987］

▲ エコロジカル・
デモクラシー
R. T. Hester
［原著2010］

▲ Mapping
Urbanities
K. Dovey, et al.

● Project
Japan
R. Koolhaas

■ サードプレイス
R. Oldenburg［原著1989］

■ グローバル・シティ
Saskia Sassen
［原著1991］

● The Possibility of an
Absolute Architecture
P. V. Aureli

▲ Tactical Urbanism
M. Lydon, A. Garcia

● リーマンショック

● 東日本大震災

日本への外国人観光客が
5年間で4倍になる

● 日本の人口減少が始まる

外国人観光客が増加した時代

場当たり的な開発などは、建築家が自らの建築を通じて都市を良い方向に導くことができる特質と評価している[104]。彼らは、常に変化し続ける「混沌」とした都市はポストモダンの時代に経済・社会の活性化をもたらすと肯定的に捉え、都市を統合的に全体として捉える欧米の考え方を否定している[105]。

　　　この見方は善意に満ちているものの、世界的な現象を日本独自のものとして誤解してしまっている。日本の都市を研究している欧米の研究者(先駆者であるバリー・シェルトンを含む)が、日本の都市は現代の都市生活に特に適していると称賛する際に、彼らは芦原と似たようなカオス本質主義をその根拠として示すことが多い[106]。彼らは、東京の制御不可能な断片化された様相に魅了され、都市をコントロールすることができるという初期モダニズムの概念を否定した。しかし、彼らは一般的に、ダラスやロサンジェルスをエキゾチックな「カオスの都市」として扱うことはない。欧米人の視点からすると、それらは単なる「都市」にすぎないのだ。

　　　一方、東京に関しては、豊かなコミュニティの交流や居心地の良い生活空間、時刻表通りに運行される効率的な交通網などがあるにもかかわらず、世界では相変わらず「カオス」という使い古された陳腐なイメージが優勢だ。1980年代に使われ始めた「カオス」というレッテルによって、東京は欧米の大都市とは異なる「他者」として位置づけられてしまい、他の都市との共通点や差異などについて深く議論されることを阻んでしまった。

　　　このアプローチは、東京の秩序がどのように思いがけないかたちで生まれてくるかを説明するために、厳密すぎる理論のパラダイムを打破する方法として「カオス」理論を提唱する。しかし、筆者はこうしたアプローチでしばしば描かれる日本と欧米の鮮明な二項対立は受け入れられない。なぜなら、それは還元主義的で実態とはかけ離れた二元的な考え方だからだ。東京の独自性を強調することは重要だが、他の都市から学ぶことで、どのように東京を進化させることができるかを模索する必要がある。そうした姿勢においては、欧米をはじめとする世界の他の都市との比較は正当なインスピレーションの源であって、単に東京の独自性を引き立たせるための付け足しではない。

7.1.3　　　　**江戸−東京の接続**

　　　このカテゴリーは、東京のルーツを辿ることによって、現在の東京を理解することを目指している。1868年、明治維新とともに江戸は東京と名を改め、都市を近代化する大規模な改革が実施された。しかし、その後まもなく、木造建築が大部分を占めていた東京は、1923年の関東大震災、そして1944〜45年の第二次世界大戦の連合軍の爆撃により、二度にわたって焼け野原になった。そのため、江戸時代の建物はほとんど残っていない。日本が復興し経済大国となった1970〜80年代には、

日本文化を評価する気運が高まるにつれて、長い間見過ごされてきた江戸と東京の連続性を強調する文献が次々と発表された。それらの著者は、軽はずみな欧米の模倣を非難し、日本の伝統的な都市の特性を再発見した。

　　1985年に出版された陣内秀信の『東京の空間人類学』（筑摩書房）は、この種の文献の中でも最も影響力のあるものだ。時代を超えて読み継がれているこの本は、東京を手足が失われても再生できる生物にたとえて、現在の東京に江戸時代の建物はほとんど存在しないものの、20世紀の驚異的な変化の中においても、江戸時代をルーツとする生活パターンや都市の空間構造が存続していることを示している。このような観点から見ると、東京は、建物やモニュメントの保存を重視する一般的な考え方とは異なる、都市の保存についての独自の考え方を提示していると言える。江戸の遺産は東京のいたるところで見ることができるが、それらは個々の建物だけでなく、都市の物理的・社会的な構成要素としても現れている。土地区画の大きさ・形状・配置などから道路や公園、神社寺院のネットワークまで、すべての要素は江戸時代の共同生活のリズムと構造に深く根づいている。

　　このアプローチでは、東京の構築と再構築が、何世紀にもわたってどのようなプロセスで行われてきたかを明らかにする。しかし、歴史上の前例がない現代の状況を扱う場合、江戸をデザインの着想源、そして重要なレファレンスとすることは部分的にしか役に立たない。江戸は重要な参照基準点ではあるが、東京の過去に目を向けているだけでは、ますますグローバル化する世界における東京の未来を描くのには不十分である。これは、江戸学だけではなく、近年高まりを見せている昭和時代のノスタルジーでも危惧されることだ。東京がさらなる多文化都市になるためには、江戸の文化的ルーツと世界各地からやってくる人々の多様な文化的背景をクリエイティブに融合する方法を見出す必要がある。

7.1.4　　　　**公共空間の研究**

　　東京の公共空間についての議論は、繰り返し取り上げられる分析テーマの一つだ。それらの研究の中には、公共広場という概念と東京の発展を結びつけて捉えるものがある。明治維新以前の日本には、欧米の都市にあるような公園・大通り・広場などはなかったが、明治時代に欧米を手本とした近代化が始まると、それらが日本全国につくられるようになった。戦後、連合国による強制的な社会政治改革を経て、戦後の民主主義を支える空間として、1950年代に丹下健三が設計した一連の建築に代表されるような、広場を備えた市役所や県庁舎が各地で建設された。しかし、1960年代になると、広場のような集いの場は論争の的になった。若者のカウンターカルチャーのムーブメントや学生運動、革新・左派の社会運動が、新しい広場を集会の場所として利用していたからだ。権力者にとって、そうした集会の場を押さ

え込むことは、自分たちの支配を脅かす力から身を守る手段となった。

　日本の公共空間に対する考え方は、東京に関する他の言説と同じような進化を辿ってきた。国としての自信が高まるにつれて、明治時代の外国の慣習の模倣、戦後の外国の慣習への追従から脱却し、公共空間を通して日本のヴァナキュラーな特徴を再評価し、表現したいという強い意欲が高まっていった。しかし、誰が公共空間をつくり、管理すべきなのかという問題は、未だに解決されていない。8章で詳しく述べるように、東京の都心部では現在、企業の再開発プロジェクトと結びついた「民間所有の公開空地・有効空地」が増えており、真の公共空間が犠牲になっている。

　このアプローチは、日本や日本人を本質主義で語る傾向があり、その結果、都市のポジティブな変化を阻害し、現状を守るために利用されることもある。公共空間に関する議論は、日本の独特な国民性をめぐる論争を超えて、「東京の公共空間は、本当に地域のニーズに応えているのか?」という、より現実的な問題に向かう必要がある。

7.1.5　　　　**観察的アプローチ**

　別のアプローチとして、一見すると周縁的、あるいはメインストリームから逸脱しているように見える空間を注意深く観察することに重点を置いた一連の研究もある[107]。戦前に「考現学」を提唱した今和次郎のスケッチによる研究から始まったこの系譜の特徴は、日常生活の豊かな無秩序さの価値を認めることであり、それと同時に、モダニズムや官僚主義的な計画手法が、混乱した現実に対応する一方で、複雑な現象を過度に省いて抽象化するという方法に頼ることへの批判にもなっている。これらの文献では、東京は偶発性と異常性に彩られた事象を抱える大都会であり、いかに都市生活の創造性と無限の可能性が都市計画の還元的な合理性と相反するかを体現する最良のケーススタディになっている。

　このアプローチは、東京の平凡で顧みられることのなかった地域に、非凡で独特なレイヤーを見出してきた実績がある。しかし、こうしたアプローチに触発された記事や研究の多くは、極端なイメージを用いて東京の特異な場所をフェティッシュ（偏愛的）に表現し、個人の欲望を実現できる自由な都市として描くことで、世界の人々の想像力を刺激している。その結果、まるで遊園地のアトラクションのように、東京の極端な側面ばかりが強調され、大多数の住民が日々経験している東京の平凡な側面が顧みられることはない。東京の風変わりな場所を覗いてみるのは楽しいことだが、主流のものと周縁的なもののバランスをとりながら東京を大胆に解読するような研究は少ない。

7.1.6　　　　**未来に向けた提案**

　最後となる六つ目の理論的アプローチは、読者が行動することを提案するも

のだ。1959年のメタボリズム以降、丹下健三の「東京計画」(1960年)をはじめとして、多くの建築家や都市計画家が次々と東京の未来のビジョンを描いてきた。しかし、1980〜90年代にかけて、こうした動きは停滞した。というのは、東京はバブル経済の好景気と崩壊によって再形成され、多くの建築家や都市計画家は、市場原理に従って開発を進めていく以外に選択の余地はなかったからだ。

　しかし最近では、東京という街のあり方について、さまざまな新しいビジョンが再び提示されるようになっている。人口減少や高齢社会など、緊急を要する課題を取り上げる文献が発表され、サステナビリティ、リノベーション／リサイクルなどの新たな課題への研究も進んでいる。

　こうした動きは、建築と都市の分野を密接に結びつけ、21世紀の新たな課題に応えるためにこれらの分野が果たすべき役割をさらに強化するものだ。これらの中でも特に筆者が優れていると考えるものは、過去や現在の断片的な展望を超えて未来の東京を予見し、具体的なケーススタディによって裏づけられたレジリエントなデザイン原理を提示しているものだ。

7.2　自己オリエンタリズム：東京学の「日本人論」

　東京に関する文献の多くは、日本の都市の独自性を日本人や日本文化の独自性に結びつけようとして、日本の文化的アイデンティティの議論を中心に据える傾向がある。場合によっては、このような「日本らしさ」の肯定は、欧米の文化的な前提こそが普遍的なもので、日本の文化はミステリアスかつエキゾチックで、外部の人にはわからないものだという誤ったイメージを与えてしまう可能性もある。非欧米の文化を本質主義で語るということは、欧米の文化の方がより合理的かつダイナミックで柔軟性があり、究極的に優れているというメッセージを暗に示すことになる。これは、欧米の「オリエンタリズム」が抱える長年の不幸な伝統に宿る「病」の一つである[108]。

　こうしたオリエンタリズムのステレオタイプを濫用しているのは、外国人だけではない。日本人の東京に関する著作においても、日本の文化的アイデンティティを強調するために、安易に日本の独自性を中心に論を展開しているものが散見される。このような「自己オリエンタリズム」とも言える考え方は、日本人の特性やアイデンティティのステレオタイプであふれる「日本人論」の分野で盛んに行われている[109]。

　そうした日本人論の文献は、「すべての日本人が共有する不変の本質である『日本らしさ』は常に存在してきたが、それは『欧米らしさ』とは根本的に異なるものだ」という前提に立っている。彼らは日本の独自性を強調し、この独自性があるために、外部の人が日本の社会を分析したり理解するのは難しい、あるいは不可能であると主張している[110]。日本人論は、民族性・言語・心理・社会構造などに基づく都合の

いい根拠だけを選んで示すことによって、説明できない不都合な歴史的事実を回避しようとすることが多く、日本社会の豊かな多様性をないがしろにしている。

　　日本人論の文献の中には、欧米の考え方に対して健全な挑戦をしているものもあるものの、政治的イデオロギー信奉者の活動領域になることが多い[111]。日本人論は、1960年代の政治的・社会的な混乱、特に日米安全保障条約締結に対する反対運動の後、国民の間に文化的コンセンサスを形成する試みとして、1970年代に生まれた。その主な目的は、日本を支配するエリート層の価値観を中心に据えて、現状の権力構造を守ることだった[112]。たとえば、日本の歴史のほぼすべての時代に深刻な政治的闘争が起きていたにもかかわらず、日本人論では、日本を紛争を回避する集団志向の社会として描くことに強くこだわっている。これは、日本のエリートが、大衆の抗議運動を「日本人らしくない」と断じることによって阻止するための武器とする考え方だ。

　　このように、「太古の昔から、日本人は調和のとれた単一民族である」というイメージを植えつけようとする試みは多数あったが、日本が単一民族国家であるという考えは、比較的最近になって生まれたものだ。皮肉なことに、20世紀初頭の日本では、日本はさまざまなアジアの民族のるつぼから生まれた多民族社会であるというイデオロギーが主流であり、当時の帝国主義者は、日本には大日本帝国として他の国々を取り込む能力が本来備わっていると考えていた[113]。

　　このような日本人論の前提は、日本社会と海外の学術界の両方に深く浸透している。日本人論の書籍の多くは国内外でベストセラーとなっており、その思想は良くも悪くも持続力がある。ここでは、日本人論の影響を受けた、「公共空間」と「広場化」の議論を紹介したい。

7.2.1　日本には欧米のような公共空間はなかったのか？

　　日本の公共空間の議論において、近代以前の日本には「公共空間」という概念がなかったと主張する研究者が多い。この考え方は、日本の都市は封建的であり、欧米で民主主義の発展を促したような公共空間は存在しなかったという自己批判として提示されることもある。また、公共空間という概念は欧米に端を発するもので、日本社会には馴染まないと否定されることもある。

　　こうした主張をする者たちの議論は、「public」という言葉をどのように日本語に訳すべきかということを中心に展開する。この概念に用いられる「公」（こう／おおやけ）という言葉は皇室という意味も含み、歴史的に国家や自治体・官僚などにも用いられてきたもので、庶民や彼らの共同の利益という概念に根ざした欧米の「public」という言葉とはまったく対照的である。そもそも日本語にはそれに対応する適切な言葉がなかったいう主張もある。というのは、明治時代になって「public」という言葉を含む

欧米の言語を翻訳する際に、初めて「公」という言葉を使うようになったからだ。適切な言葉がないということは、そもそも日本人の生活にはそのような概念自体がなかったのだ、と彼らは主張している。

　　これらの議論では、ある重要な歴史的文脈が見落とされている。皇室の意味合いを含む「公」という言葉を「public」の日本語に当てたことは、明治政府と復権した皇室を同一視するという政治的戦略に合致していたことだ[114]。また、明治時代以前の日本の文献には「公共空間」に相当する言葉は含まれていなかったかもしれないが、それより前の時代にも、欧米の同時代の人々と同様に、庶民が共同の利益を共有し、地域の共同空間を利用するという概念は存在していた[115]。

　　現代の日本の都市は、欧米の多くの都市に比べて屋外の公共空間が少ないことは事実だが、該当する言葉がなかったからという根拠はかなり弱い。日本の都市に公共空間が増えない理由が、日本の法律や行政の枠組みにあることは一目瞭然だ。これらの障壁を乗り越えることができれば、日本の都市にも公共空間が増え、欧米の都市と同様、市民がその空間でさまざまなアクティビティを楽しめるようになる。

<table>
<tr><td>7.2.2</td><td>**行動を通じて空間をつくる＝広場化は日本独自のものなのか？**</td></tr>
</table>

　　欧米の広場は、1950〜60年代にかけて日本の知識人や建築家の想像力をかき立てた。彼らの著書では、広いオープンスペースは公共の開放性と民主主義を体現したものとして理想化されることが多かった。ヨーロッパの広場に相当するものが日本にはなかったという事実は、日本では民主主義や市民の政治文化が欠如していることの原因であると同時に結果でもあると考えられていた。しかし、広場は歴史を通じて権威を披露する場として、また反民主主義的な集会にも頻繁に使われてきたことを考えると、この主張には疑問が残る[116]。

　　日本人論に影響を受けた日本の都市研究者の中には、このテーマを違う見方で捉えた者もいた。1971年、当時建築界で影響力を持っていた雑誌『建築文化』の「日本の広場」特集号で、著者の伊藤ていじらによって「日本には西洋式の広場がなかったのは事実だが、特定の活動のために『一時的に広場になる』日本独自のオープンスペースがある」という重要な反論が発表された[117]。この中で伊藤らは、日本人には空間を広場に変える、すなわち「広場化」する独特な能力があるという説を打ち出した。これは、「物質的表現」を目指す欧米の傾向とは異なり、「行動を通じて空間をつくる」という日本の傾向についての仮説につながり、彼らは日本の宗教的慣習などを例に出しながら、以下のように説明した。

　　"これは広場化される空間だけではなくして、広く我が国の物的空間に共通な性格でもある。基本的には神道に由来する造替意識とか現世を浮世と見る仏教的な無常観などに現れている日本人の世界観とかかわりあっているともいえる。ここに

おいて、物的表現よりも人間活動の過程とその様式のほうにより多く関心をもつことになり、これは行事や出来事を通じて広場化しようとする姿勢につながっていく。"[118]

　「日本の広場」の著者たちの目的は、「広場化」を日本独自のものとして描くことだったが、この雑誌の特集で取り上げた広場化の例は、他の国でも容易に見つけられるものだ。たとえば、仏教に基づく思想や空間は、東アジアや東南アジアにも存在している。日常的な都市空間での活動を重視する考え方は、近代の欧米の都市計画を批判したジェイン・ジェイコブズやヤン・ゲールなどの同時代の欧米人の考え方とも一致している[119]。

　こうした自分たちの国は例外だという間違った思い込みは、日本の都市研究者に限ったことではない。ゲール自身も、イタリアで体験した、車を締め出し屋外で滞在できる公共空間を母国のデンマークに応用しようとしたところ、かなりの反対に遭ったという。北欧の文化や気候はイタリアのそれとは異なっているため、北欧ではうまくいくはずがないと批判されたのだ。しかし、ゲールはこうした文化決定論者たちの主張には耳を貸すことなく、先駆的なアイデアを次々に発表し、デンマークの都市は世界でも有数の暮らしやすさで評価されるまでになった。

　日常的な都市空間が、祭りのようなイベントや自発的な活動のために一時的に「広場化」されることは、日本に限ったことではない。しかし、国際的な議論で日本の都市がテーマになると、「広場化」の考え方は日本の独自のものであると、そのまま引用されることが多い[120]。広場化の言説では、日本人は「一時性」を重視し、周期的な出来事や経時的変化を特徴とする永続性の低い建築を好み、一方、西洋人は「物質性」を重視し、耐久性があり、日常生活の中で安定した公共空間としての役割を果たすモニュメンタルな建築を重んじると言われている。しかし都市空間は、物質性と一時性という二者択一によって定義されるものではない。日本の活気ある公共空間は、他の国と同じように、物理的な環境と社会的な文脈の両方に適合するようにバランスをとることによって成功している。

7.3　　東京を批評する新しいアプローチ

　本書では、これまで紹介してきたような東京学のアプローチを参考にすると同時に、それらとは一定の距離を保つよう心がけた。日本文化の深淵だが曖昧な特性に都合よく当てはめた「東京」という都市と、漠然とイメージする「欧米の都市」とを大雑把に比較しても意味がないからだ。ステレオタイプのレイヤーを取り除けば、東京は、多くの外国人が見たいと望む「エキゾチックで謎めいた」都市ではなく、一部の日本人が売り込みたがる「日本らしい独特な」都市でもなくなる。すると、現実の東京は、グローバルな力が交差する都市、進化と闘争の複雑な過程にある大都会、そして約

1,400万人にとっての住処として浮かび上がってくる。

　　欧米の都市と東京の視覚的な差異を考えるときに、文化の違いを強調することは理解できる。しかし、都心部の外に視点を移すと、そのような安易な思い込みはあっという間に崩れていく。日本の郊外には、高速道路、ドライブインのチェーン店、大型のショッピングモールなど、世界のどこにでも見られる風景が広がっており、「エキゾチック・ジャパン」のかけらも見当たらない。東京らしいといわれるスポットの外に一歩出てみるだけで、これほど劇的に印象が変わるということは、そこには「日本らしさ」以上の何かが作用していることを示唆している。真摯な都市研究者は、たとえば、タイムズスクエアを訪れた体験をもとにニューヨークの都市を論じることはないだろう。都市から学ぶためには、その表層を越えて、住民が日々経験している内実に踏み込まなくてはいけない。

　　本書は、「日本文化」の必然的な結果として表現されることが多い都市現象を深く掘り下げて、それらが行政の政策、企業の経済活動、地域住民の暮らしぶり、その他のさまざまな社会や歴史のプロセスが複雑に絡みあった、もっとありきたりな要因によって生じたものであることを明らかにしようとしている。都市を論じるうえで文化は重要な位置を占めているが、オリエンタリズムや日本人論は、すべての現象の根拠を文化に求めようと単純化し、要約された「文化」を語っているだけだ。

　　これまで述べてきたように、「東京は欧米の都市とはまったく違う」という考え方は、東京を他都市との比較対象や実践知の源泉として扱うことを拒否する口実にすぎない。建築や都市計画の新しい理論は、多くの場合、ある時代や場所に特有の都市現象を検証することから始まり、その後、より広いコンテクストにも適合する普遍性が明らかになる。たとえば、ジェイン・ジェイコブズの「街路の人々の目」や、レム・コールハースの「過密の文化」は、それぞれニューヨークの研究から生まれたが、現在では世界中で参照されている[121]。

　　東京の都市のエコシステムは世界的に見ても並外れたもので、適切な観点で研究すれば、世界の建築家や都市計画家がインスピレーションを得られるモデルになる。本書では、そのエコシステムをあぶりだすとともに、より深く研究する価値のある東京の側面に、改めて目を向けてもらうためのアプローチを提示することを目指した。

8 企業主導アーバニズムから、創発的アーバニズムへ

FROM CORPORATE-LED URBANISM TO EMERGENT URBANISM

8.1 東京で拡大する企業主導アーバニズム

本書で取り上げた都市パターン（横丁、雑居ビル、高架下建築、暗渠ストリート、低層密集地域）は、全体として一つの明確な都市モデルを示している。それは、意図的な計画のみによるものでなく、偶発性と切実な必要性から生まれる「創発的アーバニズム」と呼べるものだ。都市の創発的な進化や創発的アーバニズム（英語で「Emergent Urbanism」）については研究が蓄積されており、たとえば有機的に形成された欧州の旧市街地やアフリカ、アジア、南米などのインフォーマルな市街地の多くがその例として挙げられるが、本書ではその「東京モデル」を紹介した。

第二次世界大戦で壊滅的な被害を受けた東京では、その復興において包括的なマスタープランを策定することが組織的にも財政的にも困難であったため、結果的に市民主体の小規模な再開発を中心に進めざるをえなかった。東京の至るところで、家族経営の商人や居住者がかき集めたわずかな資金で、街中のささやかな土地に小さな建物が建てられていった。その結果生まれた「低層密集地域」は、道幅も狭く、公共空間もなかったが、その住環境は実に柔軟で適応性に富んでいた。戦後、東京の主要駅周辺に形成された闇市は、GHQが公布した露店整理令を受けて東京都によって粗末な屋台が立ち並ぶ一角に移され、時を経て都市の象徴ともいえる「横丁」へと発展を遂げた。その後、1964年の東京オリンピックに向けてみすぼらしい水路に蓋がされ、「暗渠ストリート」が形成された。このような小さな変化が合わさって、東京には他に類を見ないほどの適応性と自発性を備えた都市空間が生み出された。

もちろん、東京のすべてがこの都市パターンに当てはまるわけではない。実際、東京の都市計画家は多くの場合、この独自の特徴や歴史をあまり重視せず、モダニズムの思想や画一的なビジョンで都市開発を推進してきた。行政は、世界中の都市で実施されてきたありふれた方法で東京を開発してきたが、戦後の団地から広大なニュータウンと呼ばれる郊外住宅地、東京湾のお台場に広がるショッピングモールの人工的な街並みに至るまで、その開発の結果には疑問が残る。

この数十年間で日本の都市を変容させてきた支配的な力は、「新自由主義アーバニズム」としても知られる企業主導アーバニズムだ。東京でも、規制緩和策によってこれまでの行政の承認手続きの多くが不要になったため、デベロッパーが都内の

広大な土地で大規模な再開発を展開し、「都市計画の民営化」が進んだ。もっとも、こうしたデベロッパーと行政の間には日本独自の複雑な関係があり（たとえば、旧三菱財閥が明治政府から大半の土地を購入したために、現在の丸の内エリアの開発に三菱地所が大きな影響力を持っていることなど）、明治時代から東京の都市づくりに関わっている老舗企業もある。しかし、デベロッパーがかつてない規模で東京を再編する力を手にした結果、彼らが実現してきた再開発は、海外のどこにでもあるような低層階に商業施設を入れた超高層タワーを林立させるだけで、そこには偶発性や独自性のかけらもない。

　　　現在の都市政策は、容積率や高さ規制を緩和することによって、民間の再開発を促進することを目指している。それ自体は悪い考え方ではないが、都市を均質化してしまう危険性をはらんでいる。というのも、本書で紹介したような、ボトムアップで、親密で、レジリエントで、ダイナミズムを備えた東京の核を形成している横丁などの都市パターンは、簡単にスケールアップできるものではないからだ。

　　　一見すると、こうした規制緩和がより集約的な土地利用を許可する代わりに、開発者に公共利用のためのオープンスペースを確保することを要求していることは、不幸中の幸いのようにも思える **図8-1**。このような民間企業が所有する公共空間は、英語では「Privately Owned Public Space（POPS）」と呼ばれ、日本の「公開空地」に該当する[122]。しかし、こうした公開空地は、利用者のニーズを満たすというよりは、役所のチェックリストをクリアするために設計された、居心地の悪い人工的な空間になりがちだ。この問題は、東京だけでなく世界中の都市で起きている。

　　　区画単位での建て替えから、複数の区画を統合して街区全体を高層集合住宅やオフィスタワーで埋めつくす再開発まで、東京における企業主導の再開発の規模や用途は多岐にわたる。再開発の大型化の傾向はバブル期に加速し、バブル崩壊後は減少したが、経済の再活性化を図る国家戦略の一環で2002年に制定された都市再生特別措置法によって規制が緩和されると、再び大型化が進んだ。こ

図 8-1　再開発の規制では、公共空間を提供することで、建物の高さや容積率の制限を緩和することが認められている。右図はその一つである総合設計制度を示している。

出典：東京都都市整備局

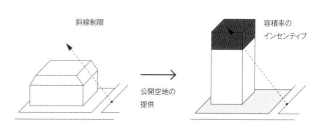

斜線制限

公開空地の提供

容積率のインセンティブ

既存の都市街区では、建物の大きさや形は、容積率や高さ、斜線制限によって規制されている。

新しい大規模開発は、オープンスペースを市民に提供する代わりに、容積率や高さ、斜線制限の緩和を受けられる。

の法律は、都心部に都市再生特別地区を設定し、その地区内で容積率や用途地域を含む現行の都市計画規制を適用除外にすることで、新しい規則について民間企業が個別に交渉することを可能にした。

　この変化は予想外の状況を生み出した。1980年代の再開発プロジェクトの立地は分散されていたが、近年の東京の再開発は一極集中型になり、デベロッパーが特定の地域で大きな力を持つようになったのだ 図8-2 。大規模再開発の多くは、単なる超高層ビルから多くの人が訪れる都市施設へ進化することを目指して、店舗や商業空間に娯楽や文化・芸術的な用途を組み込んでいる。「コーポレート・アーバンセンター」(企業主導で開発された都心部)と筆者が名づけたこれらの統合型大規模複合施設は、1986年に森ビル株式会社がアークヒルズ(港区赤坂、六本木)を建設したのが最初である。国際的な外交官やビジネスマンをターゲットとした高級サービス付きロフトアパートメントを備えたアークヒルズは、娯楽、ショッピング、オフィス、住宅を統合した成功例であり、後に恵比寿ガーデンプレイス(1994年、サッポロビール)や六本木ヒルズ(2003年、森ビル)、東京ミッドタウン(2007年、三井不動産)などの開発プロジェクトのベースになった。

　これらのコーポレート・アーバンセンターは、当初は国際的な企業を受け入れ、グローバルな経営者層を東京に誘致するための戦略的な試みとして狭義に捉えられていた。しかし、2000年代以降、行政の関係部局やデベロッパーは、オープンスペースの不足、古い建物の災害に対する脆弱さ、都心部の住宅不足など、東京のあらゆる問題を解決する万能薬として、それらを売り込むようになった。このモデルを発案した日本を代表するデベロッパーの森ビルは、自分たちが手がける再開発プロジェクトはそれぞれ単体で完結するものではなく、東京を「立体緑園都市」に変えるためのより広大な取り組みの一環であると公言している[123]。

　彼らの計画は、ル・コルビュジエが失敗し、長い間見放されていた「公園の中のタワー」というビジョン、つまり路上の賑わいを排除した公園のような風景の中に高層タワーが点在する都市計画を復活させようというものだ。森ビルの掲げるコンセプトは、東京の複雑な街路パターンとは本質的に相容れない。そのうえ、ル・コルビュジエの社会的ユートピアの理念さえも欠如している。ル・コルビュジエはタワーを使って労働者階級の生活環境を改善することを目指していたが、森ビルの「立体緑園都市」では、タワーは垂直に伸びるゲーテッドコミュニティであり、タワーの間の緑地は排他的な雰囲気を漂わせている。森ビルの代表的な再開発例である六本木ヒルズは、2003年の開業時には日本の都市再生の象徴として高く評価された。しかし、孤立したタワーや威圧的な高級商業空間を持つこの建築は、今では社会的分離と公共空間の私有化の象徴となっている 図8-3 。

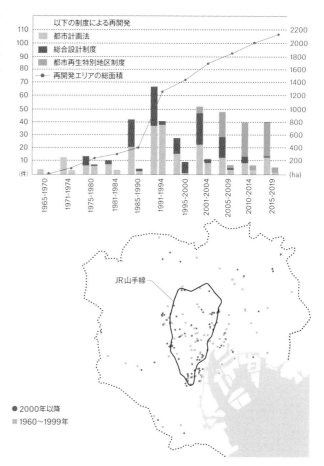

図 8-2

棒グラフの左側は再開発の件数、右側は
その再開発によってどれだけの面積が増
えたか（単位：ヘクタール）を示す。2000年
代以降の大規模再開発は、主に都心部
や主要鉄道の周辺に集中している。

再開発を促進するために、規制は時代と
ともに調整されてきた。都市計画法（高度
利用地区、特定街区、再開発等促進区）の下
では、都市計画における容積率の変更に
は、都市計画決定が必要とされている。し
かし、新しい総合設計制度による容積率
の緩和によって、多くの再開発がこれら
のプロセスを回避することができるように
なった。また、2002年に施行された都市
再生特別措置法では、国が「都市再生特
別地区」を指定し、計画の承認プロセスが
簡略化された。この簡略化により、自治
体の管理が軽減される一方で、地域に対
する支配力が弱まっている。

出典：東京都都市整備局（2019年12月19日に閲覧）

以下の制度による再開発
都市計画法
総合設計制度
都市再生特別地区制度
再開発エリアの総面積

JR山手線

● 2000年以降
■ 1960〜1999年

図 8-3

2003年にオープンした六本木ヒルズは、
コーポレート・アーバンセンターを象徴し
ている。オフィスや高級住宅のタワーは、
商業・娯楽空間を含む基壇部上にそびえ
立ち、通りからは分離されている。

出典：Google Earth 2019

8.2　　　企業主導アーバニズムの失敗の要因

このような大規模再開発は、東京の明るい未来への道筋なのだろうか？ デ
ベロッパーは、それらをしばしば東京の抱える課題に対する「解決策」として宣伝して
いるが、いったい誰の課題を解決しようとしているのだろうか？

これらの疑問に答える一つの方法として、アクセスという観点から見てみよう。たとえば、東京で働く人々は郊外の家から長い時間をかけて通勤しているが、その負担を軽減する方法として、都心の高層マンションの建設が提示されることが多い。しかし、都心の高層マンションの賃料は桁外れで、大多数の人々には手が届かない。再開発の目的として社会の多様性を促進するための施策がとられていないため、都心部では富裕層のための孤立した居住地が急速に増えつつある。

　　また、こうした都心の高層マンションは、居住者専用施設を充実させた自己完結型の閉鎖的なコミュニティとして設計される傾向にある。さらに、周辺の低層地域から切り離された超高層マンションの普及は、日本のメディアが言う「格差社会」を象徴しているとも言える。つまり、平等主義で均質な中流階級の国であった日本において社会階層の分化が加速しつつあることを反映しているということだ。このまま放っておけば、ニューヨーク、ロンドン、パリのように、世界の富裕層が一斉に郊外から戻ってきて労働者階級や中流階級を追い出してしまうといった状況が、東京でも起こりかねない。

　　企業主導アーバニズムでは、住宅、オフィス、ショッピング、飲食、エンターテインメントなどを組み合わせた建物を提供しているが、その多様性は表面的なものにすぎない。それらの施設は定評がある収益性の高いテナントしか受け入れないため、同じような高級ブランドや大手フランチャイズの店舗が多く、創造的な都市に必要な経済的多様性に欠けている[124]。これらの再開発では、同じような富裕層だけをターゲットにし、歴史を通じて東京の特徴を形成してきた幅広い社会階層は排除されている。それに対して、東京の昔ながらのエリアでは、住宅や中小規模のビルの1階に、地元の飲食店やブティック、職人の工房、コミュニティスペースなど、さまざまな機能が設けられている。そこでは、大企業が目指すような莫大な利益を得られなくても、個人的に意義のある商売を自由に試みることができる。

　　企業主導の再開発の推進は、環境にも影響を及ぼす。東京湾沿いに林立する高層ビル群は、東京の過酷な夏の暑さを和らげてくれていた風の流れを遮ってしまうため、ますます深刻化するヒートアイランド現象の原因の一つと言われている[125]。これらの超高層ビルの足元では強烈なビル風が吹き荒れ、歩行者が周辺の道路を通行するのが困難になることもある。近隣住民は、快適性の低下だけでなく経済的にも損害を受けることになる。というのも、これらの超高層ビルは、近隣地域への日差しを遮ることで、日照時間が短くなり、冬場の暖房費が高くなってしまうからだ。

　　そして、規制緩和の条件としてデベロッパーが開発地に提供することを約束した公開空地は、実際にはショッピングモールの共有スペースのように管理・運営されている。建前上は一般に公開されているが、それらは人の利用が厳しく監視され

た空間で、資本主義的な消費以外の活動は歓迎されないか、あるいは積極的に阻止されている。来訪者は入口でたくさんの制限事項が記された看板に迎えられ、公開空地が「何ができるか」ではなく「何が禁止されているか」によって定義されることを実感する。行政もデベロッパーも緑地を増やす方法として公開空地を正当化しているが、その緑地は排他的なものになっている。植栽は公開空地と隣接する歩道との間を隔て、人が集まらないように空間を細分化するための障壁として設けられる。高価な造園資材が使われ、歩行者がその空間に入ることをためらうような排他的な高級感を醸し出している。そうした緑地の多くには、工事現場や警察の包囲網のような通行止めのサインが設けられ、それらは一時的に設けられているだけのように見えるが、実際には空間を使わせないための恒久的な障壁となっている 図8-4 。

　　　このような公開空地の問題は、その規制方法に内在する欠陥に起因する。公開空地の維持管理の仕方は所有者（民間企業やマンションの管理組合など）次第だが、コスト意識の高い彼らは当然ながら一般の人々の立ち入りを減らすことで、維持管理費を削減しようとする。こうした態度は、公共空間をつくることで都市に貢献する見返りとして、容積率や建物の高さの増加を認めるという規制緩和策の主旨に反するものだ。公共性の定義についての詳しいガイドラインもなく、これらの空間が実際に一般の人々に開放されているかをチェックすることもないまま再開発が進められることで、都市の民営化が加速しているのだ[126]。

　　　デザイン的な観点から見ると、これらの大規模再開発の多くに見られる単調

さ、創造力の欠如、あからさまな商業主義は、国際的に高く評価されている日本の建築家の才能からすると驚くべきことだ。しかし、日本の建築家は、海外の重要な設計コンペで勝利しても、国内の大規模開発を主導している大手企業から仕事を依頼されることはほとんどない。日本の建築界は、完全に二極化している。一つは、いわゆる「アトリエ」と呼ばれる小規模事務所の業界である。アトリエを主宰する建築家の多くは、建築設計の実務に携わるだけでなく、大学で教鞭をとり、出版・展示などの活動を通じて建築文化の向上を推進しており、国際的な評価を受けることも多い。もう一つは、ゼネコンやデベロッパーの設計部門など、大手組織事務所の業界である。実際には、後者の業界だけがこのような大規模再開発を手がけており、その階層的・官僚的な意思決定プロセスが、建築や都市の質の向上よりも、規模の大きさによって経済的価値を創出することに偏っているため、どの再開発も同じフォーマットで量産され、都市をつまらなくしている。

8.3 均質化の口実としての安全

近年では、大規模再開発の弊害を認識する市民、行政、そしてデベロッパーも増えてきた。しかし、こうした弊害が認識されているにもかかわらず、「それらは公共の安全のために必要なものだ」という主張は揺るがない。新しい高層建築は地震に強く、周囲と孤立した公開空地は災害時の避難場所となる。また、収益性が高く空間効率も優れた高層建築でなければ、東京都心部の狭く入り組んだ土地を取得し、既存建物を解体し、再開発するという膨大なコストを賄うことはできないという経済的論理もある。2011年の東日本大震災の後、長期間の停電で高層マンションのエレベーターが止まってしまい、そのマイナス面が顕在化したものの、震災でも倒壊しなかったその頑強さが「安心して暮らすために再開発は必要である」というメッセージとなり、高層マンションの建設はその後も着々と進んでいった。

高層建築は確かに安全かもしれないが、都市の安全を実現する方法はそれだけではない。東京の小さなスケールの街並みをよりレジリエントなものにする効果的な方法はたくさんあるが、それを実行するには新しい政治的意思が必要だ。行政が時間と努力を惜しまないならば、戦略的に道路を拡張したり、災害に強い建物への建て替えを奨励する地区計画は、大きな成果をあげることができる。さらに、小さなスケールの東京の街並みは、建物の強度だけではないレジリエンスを持っている。東日本大震災で日本の地域社会が経験したように、社会的ネットワークを通じた相互扶助は、災害対応の重要な手段の一つだ。一方、再開発で建てられる高層マンションでは、住人同士の交流は希薄で、既存のコミュニティからも孤立し、都市のレジリエンスを脆弱化している。

創発的アーバニズム vs. 企業主導アーバニズム

　　企業主導のアーバニズムが東京に広がるにつれ、創発的アーバニズムと比較して、その欠陥が明らかになってきた。日本の建築家の多くは、これらの欠陥を内々で批判しているが、デベロッパーに対して公に異議を唱える人はほとんどいないため、地理学者、社会学者、社会活動家などがこうした企業主導の再開発に立ち向かうことになる[127]。

　　今後、東京のような大都市では、企業主導アーバニズムは避けられないのだろうか。筆者は、本書で紹介してきた創発的アーバニズムこそが、現在の企業主導アーバニズムや過去のモダニズムよりも、都市をより活気があふれ自発的なものにデザインすることができると考えている。六本木ヒルズのようなコーポレート・アーバンセンターが、大手デベロッパーが描く東京の未来像だとすれば、本書で紹介してきた五つの都市パターン（横丁、雑居ビル、暗渠ストリート、高架下建築、低層密集地域）は、そのアンチテーゼ、つまり創発的アーバニズムの代表事例だと言える。

　　今のところ、東京ではこの二つの相反するアーバニズムがなんとか共存している。両者は、民間の主体が都市づくりの中心的な役割を果たしている点など、理論上は似ているように見えるが、根本的に異なっている。個人経営の小さな店が集積する昔ながらの商店街と、チェーン店ばかりのショッピングモールとを比較すれば、どちらも民間企業のための商業エリアではあるが、両者はまったく異なる特質を持っていることがわかる。この二つのモデルの違いを理解することは、東京の未来像を想像するうえで不可欠だ 表1 。

表1　　　　　　　　　東京のパラダイムの比較

	企業主導アーバニズム	創発的アーバニズム
支配的権力の中心	少数の大企業	多数の所有者と運営者
経済戦略	規模の経済	集積の経済
規模	グローバル資本によって形成される大規模なスケール	地域コミュニティによって形成される小規模なスケール
境界	閉鎖的・排他的な境界部	浸透的・インクルーシブな境界部
構成	階層的な構成	ネットワーク化された相互作用可能な構成
形成プロセス	既存の都市空間の置き換え、トップダウンの管理・運営	既存の都市構造の進化とボトムアップ的・段階的な成長

　　企業主導アーバニズムは、大手デベロッパーが企画・所有・運営し、土地の所有権を寡占する都市開発だ。一方、創発的アーバニズムは、多数の小さな土地の所有者、地域組織、その他の意思決定者の複雑な相互作用の結果、生まれるものだ。創発的アーバニズムでは、これらの主体の規模や力に差があったとしても、一つの主体だけが独占することはない。土地所有の恩恵は広く分け与えられ、地域の人々の

多様なニーズに応じて、時間の経過とともに多様な建築環境が自発的に現れる。

　企業主導アーバニズムは、「規模の経済」の論理に基づいて開発が計画されるため、収益を上げるために、大量の消費と大規模な商業取引に依存している。一方、創発的アーバニズムは、多数の中小企業が競争し、協力し、共存する「集積の経済」によって成立している。これらの集積の経済のエコシステムは、高い革新性と創造性を発揮し、単なる利益以上のものを追求する個性的な起業家が集結するコミュニティを育んでいる。横丁はその具体例の一つと言えるだろう。

　企業主導アーバニズムは、グローバル資本の利益追求を実現するために大規模不動産事業につながりやすい。その主な建築表現は、高層タワーと閉鎖的なショッピングモールだ。一方、創発的アーバニズムが展開される横丁などは、小さな飲み屋などに細分化され、それらは家族や個人が少ない資金で商売できる親密な空間だ。その小ささが個性や多様性を育み、その小さな要素の集積は、その総和よりもはるかに豊かでレジリエントなアイデンティティをもたらしている。

　大規模再開発で建てられる六本木ヒルズのようなコーポレート・アーバンセンターは、中央に広場もしくはアトリウムがある空間の階層構造を中心に構成され、道路に面した入口は少なく、道路から切り離された高台に立地していることが多い。このような土地との分離は、見せかけの公開空地をさりげなくつくりだすために意図的にデザインされている。つまり、名目上は公開空地＝公共空間であっても、実際には公共性や多様性、自発性を排除した空間になっている。それに対して、創発的アーバニズムの展開する横丁などの空間は、多孔質でネットワーク化された構成を持ち、道路からアクセスしやすく、周辺環境との境界が曖昧で、それが開放性とつながりを生み出している。なぜそのような構成になるかといえば、横丁などは住民の日常生活や商売の舞台となり、それらは社会や土地と直接つながることで成り立っているからだ。その結果、創発的アーバニズムの空間は経済的・社会的な意味においてインクルーシブであることが多いが、企業主導アーバニズムの空間は周辺環境から孤立し排除的になりがちだ。

　企業主導アーバニズムと創発的アーバニズムは、それぞれ異なる性質や起源を持つ。大企業が主導する大規模再開発の対象地域はトップダウンで指定され、大手デベロッパーやゼネコンだけが寡占的に関与することができる。それらは広大な土地を地権者から買い集め一気に建設され、既存の都市構造とのつながりを断ち、周辺環境の中で孤立した島のように形成される。一方、横丁などの個人経営の店舗が集積する空間は、長年にわたる集団の相互作用、つまりボトムアップのプロセスにより形成される。これらの地域は、細分化された土地とさまざまな主体の個々の決断から生まれた。そうした集団の相互作用が生み出す地域の特質やアイデンティティは自然

に発生するもので、企業のブランディング戦略では決して生み出すことはできない。

　このような二つのアーバニズムの分断は不変的なものではなく、時間の経過とともに企業主導アーバニズムはもっと進化して、周辺環境とより高度に適応し統合されるようになるだろうと主張する人もいる。しかし、独自性、浸透性、適応性、自発性などの特徴は、お金をかけて人為的に再現できるようなものではない。本書のケーススタディが示すように、これらの特徴が実際に創発的な相互作用を引き起こすために必要な前提条件であるならば、企業主導アーバニズムが創発的な都市のエコシステムを育むことは難しい。

8.5　　　創発的な都市づくりを実現するために

　現時点では、企業主導アーバニズムが創発的な都市のエコシステムをつくりだすことができないのは明らかだ。しかし、創発的な空間を別の方法でデザインすることはできるのではないだろうか? 創発性が自己組織的なプロセスであるならば、設計者の役割は何だろうか? 実際に創発性を育むには何が必要なのだろうか?

　これらは、建築や都市計画などに携わる人たちが向きあうべき重要な問いと言える。1章で述べたように、彼らの多くは経済界の市場偏重と建築界のポストクリティカルなアプローチに直面し、都市を設計するという本来の仕事から遠ざかってしまっている。しかし、批判的思考や創造力を改めて呼び起こし、企業主導アーバニズムが席巻する都市の現状を打破することで、創発的アーバニズムを推進することができるだろう。

　企業主導アーバニズムが都市生活を蝕む理由の一つは、大手デベロッパーが都市の一部を寡占的に支配することを可能にしているからだ。市場が正しく機能している場合、市場は「自己組織化」しており、オープンな競争を通じて動的に価格が決定される。しかし、寡占やカルテルは、お互いの利益を保証するために連携することによって、オープンな競争とそこから期待される価値の創出を阻害する。開発の寡占化は、都市が自らの複雑性や自発性を生み出す能力を損なわせる。創発的アーバニズムの原動力となる混乱や不確実性は、寡占の利益とは対極にあるものだ。

　もちろん、都市のすべてが創発的である必要はない。少なくとも鉄道などの基本的なインフラや災害対策などは一元管理が望ましいことは明らかだ。しかし、現在の東京では、大企業が財力や権力を利用して行政を動かすことで、次々と新しいエリアで再開発事業を推進しており、ダイナミックなアーバニズムから遠ざかりつつある。このような都市開発の寡占化の傾向は世界的な現象であり、自治体や国さえも制御するのは難しいようだ。

　　　しかし、どんな状況に置かれた都市であっても、住みやすく活気のある状態

にする方法は常に存在する。多くの建築家や都市計画家は、都市が複雑性と自発性を創発的に生み出す力を育むために戦略的に介入する方法を持っている。それは、創発的な都市づくりが起こるために必要な前提条件をデザインする方法だ。個人の所有者や経営者が多数存在する地域、集積の経済、小規模な建築、物理的にも社会的にも透過性の高い都市空間、トップダウンの階層構造ではなく相互に結びついたネットワーク、企業主導の再開発ではなくボトムアップの段階的な成長など、東京には創発的な都市づくりを行うために必要な前提条件となる要素がいくつも存在している。

　　小さな飲み屋が密集している新宿のゴールデン街は、有機的で個性的な都市デザインの方法を明確に示している。一見、ゴールデン街は無秩序で自由気ままな昭和時代のレトロな遺物であり、新しい開発では再現できないと思われがちだ。懐疑的になるのも無理はない。なぜなら、多くのショッピングモールや複合施設が同じような活気にあふれる横丁もどきをつくりだそうとして失敗し、結果的にテーマパークのようなものになってしまったからだ[128]。真のゴールデン街らしさは、自然発生的な歴史的背景の結果生まれたもので、それをどこか別の場所で違う主体が再現することはできないように思える。

　　しかし、何世紀もの長い歴史を持つ地域と比べると、1950年代に生まれたゴールデン街はまだかなり新しい。また、ゴールデン街の空間構成は、無秩序に自然発生した結果、自己組織化されたものというイメージがあるが、厳密には長屋を建てるために均等に細分化された区画として計画されたものだ。小さく親密な空間、雑多な店主や従業員、新宿の開放的な公共空間など、この地域の物理的な条件が相まって、真のゴールデン街らしさを生み出しているのだ。それらは意図的な選択が積み重なった結果であり、現代においても、再びそうした選択をすることによって、個性豊かな街を生み出すことは十分可能だ。

　　本書で紹介したような創発的な都市パターンは、突きつめて考えると、市民が自分たちでデザインした結果生まれたものであるため、必ずしも自然発生的な展開に委ねる必要はない。一方で、東京の創発的な都市パターンの多くは、明確なビジョンを掲げて生まれたものではなく、最初は意図されていなかったものが多い。そのため、脆弱な状態にあるものが多い。それらを保存したり、強化したりするための政策はなく、年を経るごとに衰退が進んでいる。雑居ビルや横丁は、デベロッパーの圧力の下でどんどん消滅しつつある。低層密集地域に広がるヒューマンスケールな都市空間は、増え続ける高層マンションによってその特性を失いつつある。東京は、期せずして、創発的な都市空間が崩壊するまでにどれだけの重圧に耐えられるかを知るための実験場のようになってしまった。しかし、適切な方法で取り組めば、東京はそ

の最も良い特徴を維持できるだけでなく、新しい創発的な都市空間を開拓することができるだろう。

　東京から得た学びは、他国の都市にも適用できるだろうか？ 7章で述べた通り、「すべての日本人が共有する不変の本質である『日本らしさ』は『欧米らしさ』とは根本的に異なるものだ」という本質主義的な考え方で、日本や日本人を語る人々がいる。日本の都市についても、同じような本質主義的論理で議論されることがある。たとえば、東京の物理的・社会的に小さく親密な空間は、よく「日本独自のもの」だと言われるが、アジアやヨーロッパの都市にも同じような空間はある。

　本書で説明した創発的な都市パターンは、戦後の日本の社会、経済、文化に起因するものであるため、東京の創発的モデルを他国の都市に適用することに躊躇するのも無理はないだろう。また、現在の東京で狭い路地が受け入れられている理由を、江戸時代につくられた路地にまで遡って説明するなど、歴史的・文化的規範を強調する見方も理解できる。

　しかし重要なのは、こうした創発的な都市パターンは、「日本の文化」から自然発生したものではないということだ。どの場所もどの文化も常に変化し、進化していくものである。東京の「創発性」は、行政が定める法律や計画、企業の経済活動、住民の暮らし方など多様な都市の主体の具体的な選択の結果であり、創発的な都市はデザインできるということを示している。

　今日の東京は、法律、規制、経済が生み出した二つのアーバニズム——経済効率を追求する企業主導アーバニズムと個人の土地活用を追求する創発的アーバニズムの間で、ますます二分されている。企業主導の開発は、行政や経済界からの支持を得て成功を収めてきた一方で、地元のまちづくりグループや住民組織からの反対が強まると、その情勢は逆転する可能性もある。これらの相反する力のせめぎあいが、東京のダイナミズムの源であり、それらの相互作用を理解することは、東京から得た学びを世界に発信するうえで極めて重要なことだ。

　超高層ビルとショッピングモールが繰り返し建設される単調な再開発ラッシュのなかで、今こそ東京の創発的な都市づくりを推進するべきだろう。創発的な都市づくりの具体的な価値から学び、未来の都市のあり方を示す重要な指針として活かすべきではないか。東京の根底にある都市の創発的なデザイン原則が、この複雑で一見無秩序な大都市で、活気に満ち、多様でインクルーシブ、かつ革新的な都市空間を生み出すことに成功している。創発的アーバニズムは、東京に限らず国内外の多くの地域でそれぞれローカライズされた形で見出され、これからの都市づくりに活用されうるものなのである。

注

1章

1 本書で取り上げる東京の都市パターンは、最も原型的なケースである。現実には、理論的な概念と完全に一致するケースは少ないが、（マックス・ウェーバーの「理念型」のように）理念を定義することによって、理論的な理想に従って都市形態を理解し分類することができるようになる。本書では、それぞれのパターンを定義するだけでなく、ローマン・シブリウスキーの言葉（Roman Adrian Cybriwsky, *Tokyo: The Changing Profile of an Urban Giant*, Belhaven Press, 1991）を借りると、「大きな場所が凝縮された状態、あるいはミニチュアになった状態」を見ることができる。東京の「縮図となる事例」を用いて、さらに詳しく説明している。各パターンと「縮図となる事例」の説明は、2005～20年までに実施したさまざまなフィールドワークによるマッピングと観察調査を含む一次研究に基づいている。これらのコンテンツは、筆者が発表した過去の研究論文を一部引用しており、詳細な地図、グラフ、写真などで紹介している。また、方法論の詳細や既往研究における位置づけは、それらの論文に記載している。

2 「丁目」の境界線は、河川、地形の変化、広い道路などの物理的な境界と一致することが多い。グリッドなどのシステムを用いて、地域の都市形態をマッピングすることもできるが、「丁目」は、グリッドよりも独自性が高く、標準化されていないにしても、有機的に発展する東京の社会的・空間的特性をより的確に捉えている。

3 東京都には、西端の田園地帯や山間部、南に数百キロ先まで連なる島々まで含まれるが、多くの研究と同様に、本書では都心を構成する23区を「東京」と呼ぶ。

4 都市計画法では、低層を1～2階、中層を3～5階、高層を6階以上と定義しているが、本書では3層建を低層として扱っている。なぜなら、低層住居専用地域の建物の最高高さは10～12mで、その範囲内で空間を最大限利用すると、3階建のコンパクトな住宅になることが多い。「超高層」という用語は法的に定義されていないが、60m（20階建）以上の建物を指すことが多い。

5 実際には、これらの都市構造は互いに大きく重なりあっている。ローカル・トーキョー、ポケット・トーキョー、山の手コマーシャル・トーキョーは、いずれも戦後の東京都区部の西側の発展に伴って形成された、住宅と商業が混在する地域である。東京には、歴史的経緯や建築環境が大きく異なる地域でも、さまざまな共通点があることが多い。たとえば、ポケット・トーキョーとコマーシャル・トーキョーは、多くの違いはあるものの、どちらも居住・商業・娯楽な

ど複合用途を実現した地域である点で共通している。

6 建築におけるポストクリティカリティの議論については、Pier Vittorio Aureli, *The Possibility of an Absolute Architecture*, The MIT Press, 2011を参照。

7 自然現象や生物学的現象だけでなく、メキシコ系アメリカ人の哲学者マヌエル・デランダやオーストラリアの都市研究者キム・ダヴィは、20世紀のフランスの哲学者ジル・ドゥルーズや複雑性理論を参照し、「創発」の概念を社会や都市の研究に適用している。彼らは構成要素の非階層的な相互作用から創発された秩序を「集合体」という言葉を用いて表現している。以下を参照。Manuel DeLanda, *A New Philosophy of Society*, Continuum, 2006／篠原雅武訳『社会の新たな哲学：集合体、潜在性、創発』人文書院、2015年。Manuel DeLanda, *Assemblage Theory*, Edinburgh Univ. Press, 2016。Kim Dovey, *Urban Design Thinking: A Conceptual Toolkit*, Bloomsbury, 2016。

2章

8 一部の事例については以下を参照した。藤木TDC・ブラボー川上『東京裏路地〈懐〉食紀行：まぼろし闇市をゆく』ミリオン出版、2002年。「東京ディープ案内」http://tokyodeep.info、「経験デザイン研究所」http://asanoken.jugem.jp、「東京の商店街を歩こう」http://tokyo-syoutengai.seesaa.net。また、横丁が若者や外国人の間で人気があることについては筆者が現地調査を行い、また以下の記事を参照した。高野智広「若者・外国人にも人気、「横丁」ブームはいつまで続くのか」『ニューズウィーク日本版』2017年8月25日。

9 以下などを参照した。猪野健治編『東京闇市興亡史』双葉社、1999年（初版：草風社、1978年）。松平誠『ヤミ市幻のガイドブック』筑摩書房、1995年。初田香成『戦後東京におけるバラック飲み屋街の形成と変容：戦災復興期、高度成長期における駅前再開発に関する考察』『日本建築学会計画系論文集』69巻579号、2004年。初田香成『戦後東京のマーケットについて：闇と戦前の小売市場、露天との関係に関する考察』『日本建築学会計画系論文集』76巻667号、2011年。

10 高橋亨「東京の露店収容建築に関する研究」『日本建築学会学術講演梗概集』2003年

11 本章の一部は、筆者の先行研究に基づいている。アルマザン ホルヘ・岡崎瑠美『飲み屋横丁における形態学的研究：東京ミクロ都市空間に関する考察』『日本建築学会計画系論文集』78巻689号、2013年。Jorge Almazán and Nakajima Yoshinori, "Urban micro-spatiality in Tokyo: Case study on six yokochō bar districts", in Jaroslav Burian ed., *Advances in Spatial Planning*, InTech, 2012。

12 「横町」と「横丁」の2通りの表記方法がある。

13 この分析では、戦後の闇市に端を発するデパートや会館、地下空間などは横丁と見なしていない。しかし特定のケースでは、これらのタイプの空間と横丁の区別は曖昧なこともある。高架下空間の一部は闇市に由来するが、それらについても4章で取り上げている。

14 前掲、アルマザン・岡崎「飲み屋横丁における形態学的研究」

15 「サードプレイス」の概念については、レイ・オールデンバーグ『サードプレイス：コミュニティの核になる「とびきり居心地よい場所」』みすず書房、2013年を参照。

16 前掲、Almazán and Nakajima, "Urban micro-spatiality in Tokyo"

17 Edward Seidensticker, *Tokyo Rising: The City Since the Great Earthquake*, Harvard Univ. Press, 1991

18 ゴールデン街には二つの商店街振興組合があり、当地区の北部は「新宿三光町商店街振興組合」、南部は「新宿ゴールデン街商店街振興組合」が統括している。

19 小川美千子・川口有紀『新宿ゴールデン街・花園街案内』ダイヤモンド社、2008年

20 前田恭子「「横丁」から街の活性化を図る」『不動産フォーラム21』232号、2009年

21 「地元再発見：地域生活者に行動の変化を促すケーススタディ恵比寿横丁」『月刊レジャー産業資料』2009年3月

22 前掲、前田「「横丁」から街の活性化を図る」

23 下山萌子・馬場健誠・後藤春彦「新宿ゴールデン街における新旧店舗の混在とその更新の実態に関する研究：店舗更新時の旧店主からのアドバイスに着目して」『日本都市計画学会都市計画論文集』52巻3号、2017年

24 改正前の借地借家法は、賃借人を保護する傾向があり、賃主は正当な理由なく契約の更新を拒否することはできなかった。仮に賃主が賃借人を立ち退かせることができたとしても、立ち退き料を支払わなければならなかった。2000年の改正で定期借家制度が導入され、賃主は賃貸の期間を決めて、期間が満了したら更新を拒否することができるようになった。これにより、賃主は占有者を立ち退かせ、少ない資金で飲み屋を経営したいと望んでいる若い世代に貸すことができるようになり、ゴールデン街には新しい店主たちが流入し始めた。

25 東京都「観光客数等実態調査」訪日・訪都外国人旅行者数及び訪都国内旅行者数の推移」https://www.sangyo-rodo.metro.tokyo.lg.jp/toukei/tourism/c428685ec64ce2d3b4e1168d8a4e1f0a.pdf

26 渋谷文化プロジェクト「キーパーソンが語る渋谷の未来 御厨浩一郎さんインタビュー」https://www.shibuyabunka.com/keyperson/?id=152

27 前掲、高橋「東京の露店収容建築に関する研究」

28 東京都は渋谷特設商業協同組合と、のんべい横丁の土地を5年間のローンで売却する契約を結んだ。石榑督和「戦後東京と闇市」鹿島出版会、2016年。

29 渋谷・東地区まちづくり協議会「インタビュー 渋谷東横前飲食街協同組合 村山茂代表理事」

http://www.east-shibuya.jpn.org/miyashita/article/[インタビュー]_渋谷東横前飲食街協同組合_村山茂代表理事

30 三浦展『横丁の引力』イースト・プレス、2017年

31 三井不動産、MIYASHITA PARK開業ニュースリリース https://www.mitsuifudosan.co.jp/corporate/news/2020/0120/index.html

32 藤木TDC『東京戦後地図：ヤミ市跡を歩く』実業之日本社、2016年

33 ジェームズ・ファーラー「柳小路のバングラデシュ料理屋」(Nishiogiology／西荻町学) https://www.nishiogiology.org/miruchi-jp

34 前掲、ファーラー「柳小路のバングラデシュ料理屋」

35 杉並区「都市計画道路区施行優先整備路線の取り組み状況」https://www.city.suginami.tokyo.jp/guide/machi/toshikeikaku/1033914.html

36 いくつかのウェブサイトでは、道路拡張に反対するグループの活動を記録・整理している。『西荻案内所』https://nishiogi.jp/181226hojo132_2/、「西荻窪の道路拡張を考える会」https://blog.goo.ne.jp/nk/e/ee8a1817f8fbfd3fa8ec2126fc30e610。

37 前掲、Almazán and Nakajima, "Urban micro-spatiality in Tokyo"

3章

38 Peter Popham, *Tokyo: The City at the End of the World*, Kodansha International, 1985

39 雑居ビルを称賛する側としては以下などを参照。Barrie Shelton, *Learning from the Japanese City: West meets East in Urban Design*, Taylor & Francis, 1999／片木篤訳『日本の都市から学ぶこと：西洋から見た日本の都市デザイン』鹿島出版会、2014年。Donald Richie, *Tokyo: A view on the city*, Reaktion Books, 1999。批判する側としては以下などを参照。芦原義信『街並みの美学』岩波書店、1979年。アレックス・カー『犬と鬼：知られざる日本の肖像』講談社、2017年。

40 「その何よりの証拠は、東京や大阪のような日本の大都市の中心街を見ればわかるであろう。(中略)あれほど素晴らしい美的感覚をもって内部空間をつくってきた日本人は、どうして建物の外観、街並みの美しさということにこれほど無頓着なのであろうか。」(芦原義信『続・街並みの美学』岩波文庫、2001年、p.28)

41 Sanki Choe, Jorge Almazán, and Katherine Bennett, "The extended home: Dividual space and liminal domesticity in Tokyo and Seoul," *Urban Design International*, 21, 2016

42 建築基準法の定期報告制度 https://www.toshiseibi.metro.tokyo.lg.jp/kenchiku/chousa-houkoku/ch_3_02.pdf 都市計画法に基づく基礎調査の土地建物用途分類 https://www.toshiseibi.metro.

43 初めて日本を訪れた外国人の多くは、このような商売が比較的目につく場所で営業していることに驚く。1957年に施行された売春防止法では、売春の定義は屋内性交に限定されている。そのため、「風俗」と呼ばれる他の形態の商業的性行為は合法とされている。ソープランドやピンクサロンなどの風俗業は、1948年に施行された「風俗営業等の規制及び業務の適正化等に関する法律」によって規制されている。

44 Jorge Almazán and Tsukamoto Yoshiharu, "Tokyo Public Space Networks at the intersection of the Commercial and the Domestic Realms: Study on Dividual Space", *Journal of Asian Architecture and Building Engineering*, vol. 5, no. 2, 2006

45 東京屋外広告協会「東京都屋外広告物条例」http://www.toaa.or.jp/jyou

46 現存する地図に記載されている用途や階数などの情報は断片的で矛盾しているものもある。正確な情報を得るために、筆者は各区区役所と東京都庁にある建物登記簿の原本を参照した。詳細については、慶應義塾大学ホルヘ・アルマザン研究室が実施した以下の研究を参照のこと。河合伸昂「新宿駅東口周辺における建築用途の垂直的変遷に関する研究：靖国通りと新宿通りを対象として」(卒業論文)、2016年。

47 「活気あるエッジ」(Active edge)とは、空間と空間の境界部を指す。開口部、入口、ポーチ、オープンテラスなど公的空間と私的空間の境界部を開放的にすることで、街の活気を促す効果がある。ヤン・ゲールの著書『人間の街』(建物のあいだのアクティビティ)などでも都市空間の「エッジ」について度々言及されている。

48 神楽坂の花街は1937年頃に最盛期を迎え、140軒の料亭と180軒の置屋があり、芸者の数は700人を超えていた。岡本哲志『江戸→TOKYOなりたちの教科書2』淡交社、2018年を参照。

49 Fujii Sayaka, Okata Junichiro, and André Sorensen, "Inner-city redevelopment in Tokyo: conflicts over urban places, planning governance, and neighborhoods", in André Sorensen and Carolin Funck eds., *Living Cities in Japan: Citizens' movements, machizukuri and local environments*, Routledge, 2007を参照。

50 粋なまちづくり倶楽部『粋なまち神楽坂の遺伝子』東洋書店、2013年

51 吉田峰弘・陣内秀信「新橋と横浜の比較：交通の変遷が都市空間の展開に与えた影響」『日本建築学会学術講演梗概集』2008年

52 初田香成「雑居ビルから見た戦後東京の都市開発」『史潮』71号、2012年

53 前掲、吉田・陣内「新橋と横浜の比較」

54 この法律は、公道や広場の拡張と新しい建物の建設を通じて都市の一体的な改造を促進

するものだった。同法はもう施行されていないが、現在の大規模再開発の多くを促進する「都市再開発法」の前身となっている。

55 前掲、藤木『東京戦後地図』

56 ニュー新橋ビルとその周辺の地権者の9割以上が「新橋駅西口地区市街地再開発準備組合」に加盟している。日刊現代デジタル「新橋の大規模再開発でSL広場やニュー新橋ビルが消える？」https://www.nikkan-gendai.com/articles/view/life/224161 を参照。

57 千葉利宏「ニュー新橋ビルのすぐには解決できない悩み」東洋経済オンライン https://toyokeizai.net/articles/-/219053?page=3

58 建通新聞「[東京都]再開発事業を追う オリンピック契機に再開発めじろ押し」https://www.kentsu.co.jp/feature/kikaku/view.asp?cd=160805000001#2shinbashi

4章

59 世界の都市では、近年、車両の通行よりも歩行者にやさしい都市づくりを重視するようになり、20世紀に建設されていたような高架交通インフラは世界的に好まれなくなってきている。東京でも最近、密集市街地では高架鉄道は地下化されつつある。

60 中央線の旧万世橋駅を活用した「マーチエキュート神田万世橋」、山手線の御徒町駅と秋葉原駅の間にある「2k540 AKI-OKA ARTISAN」を含む。

61 公共の場として使われている高架下建築の中でも、意図的に100m以上連続している区間を選んだ。もっと短いものもあるが、ここでの目的は、どのようにして高架下建築が都市構造の重要な一部になったかを示すことである。100mという長さは、都市ブロックの平均的な長さに相当する。

62 Kishii Takayuki, "Use and Area Management of Railway Under: Viaduct Spaces and Underground Spaces near Stations", *Japan Railway and Transport Review*, no. 69, 2017

63 小林一郎『「ガード下」の誕生：鉄道と都市の近代史』祥伝社、2012年

64 長昭昭『アメ横の戦後史：カーバイトの灯る闇市から60年』ベストセラーズ、2005年

65 前掲、小林「ガード下」の誕生」

66 三浦展・SML『高円寺 東京新女子街』洋泉社、2010年

67 2020年6月に筆者が行った商店会のメンバーへのインタビューに基づく。

68 東京高速道路株式会社 http://www.tokyo-kousoku.co.jp/

69 銀座コリドー街沿いの外堀の上にも、1959年に東海道新幹線の高架が敷設された。新幹線の建設が決定したのは1958年で、1959年に東京がオリンピック(1964年)の開催地として選ばれる前のことだった。『新幹線の歴史』https://www.nippon.com/ja/features/h00078/ を参照。

70 銀座コリドー街の飲食店の特徴は、急激に変化しているようだ。筆者が2000年代前半に行ったフィールドワークでは、新橋の男性サラリーマンをターゲットにした居酒屋のようなシンプルな飲食店が多かった。現在では、女性やデート中のカップルを引きつけるために、よりムードのある洗練された店が増えている。

71 Jane Jacobs, *The Death and Life of Great American Cities*, Vintage, 1992 (original ed. 1961) / 山形浩生訳『アメリカ大都市の死と生』鹿島出版会、2010年

5章

72 最も有名な書籍としては、中沢新一『アースダイバー』講談社、2005年。

73 前掲、初田「戦後東京のマーケットについて」

74 Nick Kapur, *Japan at the Crossroads: Conflict and Compromise after Anpo*, Harvard Univ. Press, 2018

75 このような状況を緩和し、道路利用に対して高まるニーズに応えるために、2011年に「道路占用許可の特例」が設けられた。この新しい許可制度に基づいた、歩道のカフェの試験的なプロジェクトを始めた自治体もあるが、単発的な実験にとどまっている。

76 これは、東京に来たばかりの外国人からよく聞く感想だ。詳細については、Edan Corkill, "Standing up for the right to sit down in public", *The Japan Times*, Oct. 10, 2010

77 東京の五つの川の流域とその代表的な暗渠ストリートを以下に示す。①石神井川(稲付川)、②神田川(桃園川、松庵川、谷端川南緑道)、③渋谷川(キャットストリート、モーツァルト通り、ブラームスの小径、宇田川遊歩道、原宿村分水、白金三光町支流)、④目黒川(北沢川、烏山川緑道)、⑤呑川(柿の木坂支流緑道、駒沢川支流緑道、九品仏川緑道)。詳細については、吉村生・高山英男『暗渠マニアック!』柏書房、2015年を参照。

78 黒沢永紀『東京ぶらり暗渠探検』洋泉社、2010年

79 水源は、明治神宮内の人気スポットの一つである「清正の井戸」。

80 舘野充彦『山手線29駅 ぶらり路地裏散歩』学研プラス、2011年

81 特に南口エリアの商店街振興組合は緑道を望んでいた。自由が丘には12の商店街振興組合があり、1963年からは自由が丘商店街振興組合が中心となっている。自由が丘オフィシャルウェブサイト https://www.jiyugaoka-abc.com/ を参照。

82 これらの経緯の詳細については、岡田一弥・阿古真理『「自由が丘」ブランド:自由が丘商店街の挑戦史』産業能率大学出版部、2016年を参照。

6章

83 個人の所有物を路地裏空間に広げる「あふれ

だし」の社会心理的な役割についての検証も行われている。青木義次・湯浅義晴「開放的路地空間の領域化としてのあふれ出し:路地空間へのあふれ出し調査からみた計画概念の仮説と検証 その1」『日本建築学会計画系論文報告集』449号、1993年。青木義次・湯浅義晴・大倉俊泰「あふれ出しの社会心理学的効果:路地空間へのあふれ出し調査からみた計画概念の仮説と検証 その2」『日本建築学会計画系論文集』59巻457号、1994年。また、残余空間としての隙間や路地の役割についての研究もある。金栄爽・高橋鷹志「密集住宅地の「住戸群」における路地と隙間の役割に関する研究」『日本建築学会建築系論文集』60巻469号、1995年。これらは、密集した低層住宅そのものを再評価するための知的空間を提示している。

84 本章の内容は、筆者が墨田区京島と目黒区碑文谷で行った以下の先行研究に基づいている。Jorge Almazán, Darko Radovic, and Suzuki Tomohiro, "Small urban greenery: Mapping and visual analysis in Kyōjima-sanchōme", *Archnet-IJAR, International Journal of Architectural Research*, vol. 6, issue 1, 2012. Mizuguchi Saki, Jorge Almazán, and Darko Radovic, "Urban characteristics of high-density low-rise residential areas in Tokyo: A case study", *Journal of the Faculty of Architecture, Silpakorn Univ.*, vol. 26, 2012.

85 ここでいう密度とは、低層密集地域の都市構造の密度だけではない。丁目ごとの総人口密度の公式統計を使用した。そのため、この密度には公園や道路などのオープンスペースや高層タワーなど他の建築タイポロジーも含まれている。

86 基本的に、木造とは木質の構造体を持つ建物を指すが、関東大震災と第二次世界大戦で徹底的に破壊された東京の市街地では、伝統的な木造建築は極めて少ない。現在の日本の建設業界における木造工法は、最新技術を駆使して完全にプレハブ化された枠組壁工法が一般的である。

87 海外からの訪問者は、これは地震のためだと考えがちだが、主な理由は防火のためである。建築基準法では、建物の間の具体的な距離は規定されていない。距離についての規定は、民法第234条第1項に、隣地との境界から50cm以上離すことが定められている。ただし、隣人同士で合意すれば、50cmのルールに従う必要はなく、建築基準法第63条の「防火地域又は準防火地域内にある建築物で、外壁が耐火構造のものについては、その外壁を隣地境界線に接して設けることができる」という規則を用いることもできる。たとえば、商店街の多くの建物では、建物間に隙間がない連続した街並みを法的に有効な方法で形成するために、建築基準法の基準を利用している。

88 Amir Shojai, Nomura Rie, and Mori Suguru, "Side Setback Areas in Residential Zones in Japan: A Socio-

psychological Approach Towards Studying Setbacks, Case Study of an Inner Osaka Neighborhood", *Journal of Asian Architecture and Building Engineering*, vol. 16, no. 3, 2017

89 厳密に言えば、4mの最低幅員規定は戦前のある。市街地建築物法(1919年)では、九尺道路(2.7m)への接道が義務づけられていた。しかし、1938年の改正で道路の最低幅員は4mに引き上げられた。1950年の建築基準法は4mの最低幅員を引き継ぎ、第42条第2項の壁面後退規定によって、原則的に日本のすべての路地を4mに広げることを目指している。詳細については、西村幸夫編著『路地からのまちづくり』学芸出版社、2006年を参照。

90 前掲、金・高橋「密集住宅地の「住戸群」における路地と隙間の役割に関する研究」

91 品川区「第19回国勢調査結果の概要」https://www.city.shinagawa.tokyo.jp/ct/other000081500/51-5kokuchou.pdf

92 基本的な街区の大きさは、60×60間(109×109m)の正方形を2等分し、さらにそれぞれを6等分したものだ。通りの幅は、区画の奥に進むにつれて狭くなっていく。街区は幅6間(10.9m)の道路で囲まれている。街区を半分にした道路は幅3間(5.4m)である。最終的に6等分された区画は小さな路地(幅2.7m、狭いものは1.8m)で囲まれている。

93 3項道路。現行の建築基準法ではこの道路種別が規定されているが、地方自治体がこの道路種別を指定することはほとんどない。安全のために必要であるという理由で全国的に4m道路が義務づけられており、リスクを冒してまで3項道路を認可する自治体は極めて少ない。

94 詳細については、西村幸夫編著『路地からのまちづくり』(前掲)を参照。

95 愛する月島を守る会 https://lovetsukishima.jp/

96 「恵比寿通り」は、広く使われているこの通りの非公式な名称である。「白金北里通り」とも呼ばれているが、正式には「東京都道305号線芝新宿千束線」という。

97 筆者の調査エリアは、白金1丁目、3丁目、5丁目に相当し、恵比寿通りと古川の間に位置するこのエリアを「北白金」と呼んでいる。

98 用途地域としては、北白金は「準工業地域」に指定されており、このような地域の特性が認められている。

99 現在建設中のプロジェクトは45階建になる予定である(白金一丁目東部北地区市街地再開発組合 http://www.shirokane-1.com/ を参照)。現在計画中のプロジェクトは40階建になる予定である(日刊建設工業新聞 https://www.decn.co.jp/?p=96688を参照)。

100 これは、平成27年国勢調査に基づく夜間人口密度である(港区「平成27年国勢調査による各総合支所管内別の町丁目別面積・昼夜人口等」https://www.city.minato.tokyo.jp/toukeichousa/kuse/toke/jinko/kokusechosa/takanawa.html を参照)。ヨーロッパのコンパクトシティの密度については、スペ

インのバルセロナ市を参考にすることができる。有名なアシャンプラ地区は19世紀に生まれたグリッド状の地区で、人口密度は35,105人／km²である。

101 前掲、Jacobs, The Death and Life of Great American Cities

7章

102 ここでは紙面の都合上、書籍のみを掲載することにした。古い書籍については、その分野で最も頻繁に引用されているものを選んだ。2000年以降の著作については、その長期的影響を評価するにはまだ時期尚早なので、東京に関する論文やエッセイの寄せ集めのようなものではなく、著名な著者によるものや、一貫した主張やアイデアを表現しているもののみ取り上げることにした。

103 このようにアプローチや言説の系統ごとに分類することは、ある意味で単純化してしまう恐れがある。これらのアプローチは複雑に関連しあい、相互に影響しあうものであるため、ここに挙げた著者の多くは、一つのカテゴリーに特定されてしまうことに激しく反発するだろう。しかし、この年表は、たとえ不完全であったとしても、豊かで複雑な東京学の体系の概要を知るための最初の手段としては役立つだろう。また、年表の改良版をつくったり、これに代わる分類法を検討したりする際にも参考になるだろう。

104 槇文彦が設計した「スパイラル」(1985年)、篠原一男が設計した「東京工業大学百年記念館」(1987年)などがある。

105 芦原義信「隠れた秩序：二十一世紀の都市に向かって」中央公論社、1986年

106 たとえば、Shelton, Learning from the Japanese City(前掲)を参照。

107 Jordan Sand, Tokyo Vernacular: Common Spaces, Local Histories, Found Objects, Univ. of California Press, 2013。Kuroishi Izumi, "Urban Survey and Planning in the Twentieth-Century Japan: Wajiro Kon's "Modernology" and Its Descendents", Journal of Urban History, vol. 42 (3), 2016

108 Edward Said, Orientalism, Pantheon Books, 1978／今沢紀子訳『オリエンタリズム』平凡社、1986年

109 日本人論は、日本が経済大国として認識され始めた1970年代に始まり、1980年代のバブル経済とともに本格化した。

110 Peter N. Dale, The Myth of Japanese Uniqueness, Palgrave Macmillan, 1986。Yoshino Kosaku, Cultural Nationalism in Contemporary Japan: A Sociological Enquiry, Routledge, 1992。Sugimoto Yoshio, "Making Sense of Nihonjinron", Thesis Eleven, no. 57, 1999

111 前掲、Dale, The Myth of Japanese Uniqueness

112 前掲、Kapur, Japan at the Crossroads

113 小熊英二『単一民族神話の起源：〈日本人〉の自画像の系譜』新曜社、1995年

114 前掲、Dale, The Myth of Japanese Uniqueness

115 陣内秀信『東京の空間人類学』筑摩書房、1992年。陣内秀信『日本独自の広場、その多様性の検証』(隈研吾・陣内秀信監修『広場』淡交社、2015年所収)

116 前掲、Sand, Tokyo Vernacular

117 都市デザイン研究体『復刻版 日本の広場』彰国社、2009年(初版：都市デザイン研究体『特集 日本の広場』『建築文化』1971年8月号)

118 前掲、都市デザイン研究体『復刻版日本の広場』

119 前掲、Jacobs, The Death and Life of Great American Cities。Jan Gehl, Life between Buildings: Using Public Space, Van Nostrand Reinhold Company Inc., 1987 (original ed. 1971)／北原理雄訳『建物のあいだのアクティビティ』鹿島出版会、2011年

120 「広場化」という概念の延長線上にある日本固有の空間へのアプローチの考え方は、シェルトンによって「形態よりも内容」という概念へと発展した。シェルトンによれば、欧米では空間のコンテクストや形態が重視されるのに対して、日本ではそこで行われる活動や内容が重視されるという。Shelton, Learning from the Japanese City(前掲)を参照。田中遼と日高單也は、その一般論を超えて「日本では〈公共〉は物理的な存在というよりも精神的な構成概念である」と断言している。Hidaka Tanya and Tanaka Mamoru, "Japanese Public Space as Defined by Event", in Public Places in Asia Pacific Cities, edited by Pu Miao, Springer, 2001を参照。これと似た考え方は、小野寺康「新たなパブリックスペースの復権」(隈研吾・陣内秀信監修『広場』所収)でも示されている。

121 前掲、Jacobs, The Death and Life of Great American Cities。Rem Koolhaas, Delirious New York: A Retroactive Manifesto for Manhattan, The Monacelli Press, 1978／鈴木圭介訳『錯乱のニューヨーク』筑摩書房、1995年。他の例としては、1960年にケヴィン・リンチがボストン、ジャージー・シティ、ロサンジェルスについて記したKevin Lynch, The Image of the City, MIT Press, 1960／丹下健三・富田玲子訳『都市のイメージ』岩波書店、1968年。そして1972年にロバート・ヴェンチューリ、デニス・スコット・ブラウン、スティーブン・アイズナーがラスベガスについて考察したRobert Venturi, Denise Scott Brown, and Steven Izenour, Learning from Las Vegas, MIT Press, 1972／石井和紘・伊藤公文訳『ラスベガス』鹿島出版会、1978年。

8章

122 POPSは、日本語では「公開空地」または「有効空地」に相当する。建築基準法の総合設計制度では「公開空地」、都市計画法では「有効空地」という名称が使われている。法的手続きの詳細は異なるものの、どちらも基本的には同じ種類の空間を指す。本書ではその二つをまとめて「公開空地」と呼ぶ。

123 森ビル「立体緑園都市」https://www.mori.co.jp/urban_design/vision.html

124 都市研究者の大野秀敏は、これらを「島」と表現し、都心の大規模再開発だけでなく、日本全国の地方に建設された大型ショッピングモールも含めている。大野秀敏『ファイバーシティ：縮小の時代の都市像』東京大学出版会、2016年を参照。

125 Arita Eriko, "Tokyo's 'heat island' keeps breezes at bay: Waterfront wall of high-rises insulates asphalt jungle from cooling effect", The Japan Times, Aug. 18, 2004

126 近年、実際の使用状況の調査で良い結果が得られなかったことから、公開空地に対する批判が高まっている。多くの場合、公開空地は明確な用途や都市への貢献意識を持たないまま、容積率緩和のための手段として用いられている。長岡篤・小嶋勝衛・根上彰生・宇於﨑勝也「東京都総合設計制度によって生み出された公開空地の実態に関する研究」『日本都市計画学会都市計画報告集』no.2、2003年を参照。また、公開空地の管理者が、実際には禁止する権利のない活動を禁止してしまう恐れもある。斎藤直人・十代田朗・津々見崇「公開空地・有効空地の計画コンセプトと利用実態に関する研究」『日本都市計画学会都市計画論文集』no. 43-3、2008年を参照。また、現行の制度では、公開空地の実際の公開性を確保するための措置が講じられていないとの批判もある。泉山塁威・秋山弘樹・小林正美「都心部における「民有地の公共空間」の活用マネジメントに関する研究」『日本建築学会計画系論文集』80巻710号、2015年を参照。

127 再開発、特に六本木ヒルズについて英語で書かれた批判が、Roman Adrian Cybriwsky, Roppongi Crossing: The Demise of a Tokyo Nightclub District and the Reshaping of a Global City, Univ. of Georgia Press, 2011に記されている。社会研究における批判は、Nakazawa Hideo, "Tokyo's 'Urban Regeneration' as the Promoter of Spatial Differentiation: Growth Coalition, Opposing Movement and Demographic Change", The Chuo Law Review, vol. 121, no. 3-4, 2014およびKohama Fumiko, "Gentrification and Spatial Polarization in Eastern Inner-city Tokyo: The Restructuring of the Kyōjima Area in Sumida Ward", Bulletin of the Graduate School of Humanities and Sociology, vol. 33, 2017を参照。

128 たとえば、お台場のショッピングモール「デックス東京ビーチ」内にある「台場一丁目商店街」や、宮下公園の跡地に新設されたショッピングモール内の「渋谷横丁」などがある。

東京の創発的アーバニズム──横丁・雑居ビル・高架下建築・暗渠ストリート・低層密集地域

2022年10月9日 初版第1刷発行

[著者]
ホルヘ・アルマザン＋
Studiolab

–

[発行所]
株式会社学芸出版社
〒600-8216
京都市下京区
木津屋橋通西洞院東入
TEL 075-343-0811
info@gakugei-pub.jp

–

[発行者]
井口夏実

–

[編集]
宮本裕美

–

[デザイン]
刈谷悠三＋
角田奈央／
neucitora

–

[印刷・製本]
シナノパブリッシングプレス

© Jorge Almazán 2022
Printed in Japan
ISBN978-4-7615-2830-0

ホルヘ・アルマザン｜Jorge Almazán
建築家、慶應義塾大学准教授。博士（工学）。1977年生まれ。マドリード工科大学修士課程修了。東京工業大学博士課程修了。2009年より慶應義塾大学にて教鞭をとる。ホルヘ・アルマザン・アーキテクツ代表。環境に配慮したインクルーシブな空間づくりに取り組む。地域再生のためのリノベーション設計で2018年度日本建築家協会優秀建築選、2019年度太田市景観賞大賞受賞。ソウル都市建築ビエンナーレ（2017、2019）にて東京に関する研究を展示発表。著書に『Emergent Tokyo: Designing the Spontaneous City』（ORO Editions、2021）。その他東京に関する研究論文を多数執筆。

–

Studiolab
2011年に慶應義塾大学に設立された、ホルヘ・アルマザンが率いる建築設計研究室。学生、研究者、地域社会が一体となり、学際的な研究と社会の課題を見据えた建築活動を行うための国際的な共創の場である。

[編集チーム]
Jorge Almazán
Joe McReynolds
齋藤直紀

–

[調査チーム]
Kevin Canonica
F. Javier Celaya Morón
Gabriel Châtel
Georgiana Diane Go
Alan Fong Abud
Noemi Gómez Lobo
針谷円
岩崎達
河合伸昂
Guadalupe López Elenes
Daiwei Lyu
Diego Martín Sánchez
松本佑真
松山祐奈
守屋嘉久
西片万葉
大橋尚悟
奥山幸歩
関口大樹
高木りさ
武田有菜
巽祐一
Sudeep Vinayak Zumbre
和田雄樹

–

[英文原稿和訳]
坂本和子